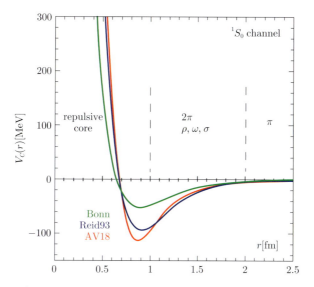

口絵 1　現象論的核力ポテンシャルの例. N. Ishii, S. Aoki and T. Hatsuda, Phys. Rev. Lett. **99** (2007) 022001 より引用（本文 p.85, 図 6.1 参照）.

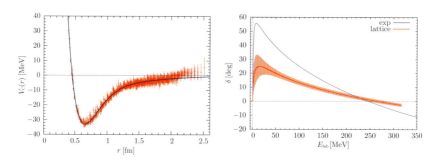

口絵 2　右: 2+1 フレーバーの格子 QCD で計算された $^1S_0$ ポテンシャル. 実線はそのフィット. 左: フィットしたポテンシャルを用いて計算された散乱位相差. 横軸は重心系での散乱のエネルギー. 実線は実験値. N. Ishii *et al.* [HAL QCD Collaboration], Phys. Lett. B **712** (2012) 437 より引用（本文 p.113, 図 6.12 参照）.

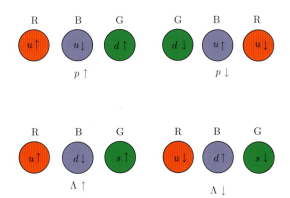

口絵 3　（上）スピンが逆の 2 つの陽子が同じ場所を占める場合に許されるクォークのカラー，スピン，フレーバーの組み合わせの例．（下）ストレンジ・クォークを加えた場合の例．スピンが逆の 2 つの Λ 粒子が同じ場所を占める場合に許されるクォークのスピン，フレーバーの組み合わせの例．カラーには制限が無い（本文 p.114，図 6.13 参照）．

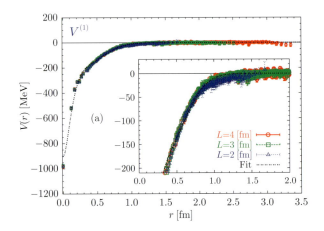

口絵 4　フレーバー SU(3) の 1 重項に対応するバリオン間ポテンシャル．擬スカラー（パイ）中間子の質量は 1014 MeV．空間の 1 辺の長さが 1.9 fm, 2.9 fm, 3.9 fm の 3 つの場合にポテンシャルを計算したが，その体積依存性は小さい．T. Inoue et al. [HAL QCD Collaboration], Phys. Rev. Lett. **106** (2011) 162002 より引用（本文 p.116，図 6.14 参照）．

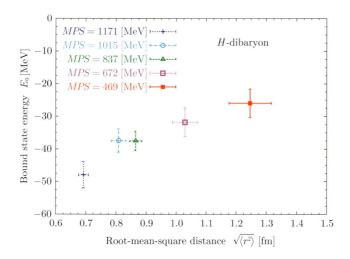

口絵 5　フレーバー SU(3) の 1 重項に対応するバリオン間ポテンシャルから得られた束縛状態のエネルギーのパイ中間子質量依存性. T. Inoue *et al.* [HAL QCD Collaboration], Nucl. Phys. A **881** (2012) 28 より引用（本文 p.117, 図 6.15 参照）.

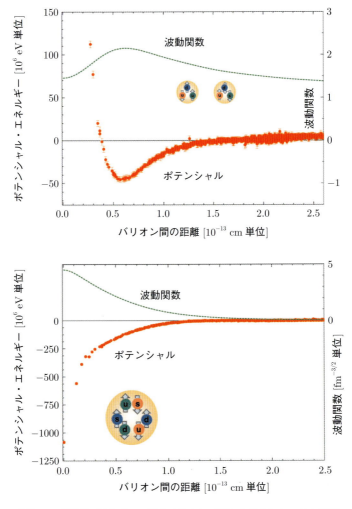

口絵 6　重陽子（上）と H ダイバリオン（下）のポテンシャルと波動関数の模式図（本文 p.118，図 6.16 参照）．

Frontiers in Physics 13

格子QCDによる ハドロン物理

クォークからの理解

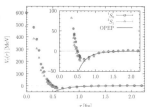

青木慎也 [著]

基本法則から読み解く **物理学最前線**

須藤彰三 [監修]
岡 真

13

共立出版

刊行の言葉

　近年の物理学は著しく発展しています．私たちの住む宇宙の歴史と構造の解明も進んできました．また，私たちの身近にある最先端の科学技術の多くは物理学によって基礎づけられています．このように，人類に夢を与え，社会の基盤を支えている最先端の物理学の研究内容は，高校・大学で学んだ物理の知識だけではすぐには理解できないのではないでしょうか．

　そこで本シリーズでは，大学初年度で学ぶ程度の物理の知識をもとに，基本法則から始めて，物理概念の発展を追いながら最新の研究成果を読み解きます．それぞれのテーマは研究成果が生まれる現場に立ち会って，新しい概念を創りだした最前線の研究者が丁寧に解説しています．日本語で書かれているので，初学者にも読みやすくなっています．

　はじめに，この研究で何を知りたいのかを明確に示してあります．つまり，執筆した研究者の興味，研究を行った動機，そして目的が書いてあります．そこには，発展の鍵となる新しい概念や実験技術があります．次に，基本法則から最前線の研究に至るまでの考え方の発展過程を"飛び石"のように各ステップを提示して，研究の流れがわかるようにしました．読者は，自分の学んだ基礎知識と結び付けながら研究の発展過程を追うことができます．それを基に，テーマとなっている研究内容を紹介しています．最後に，この研究がどのような人類の夢につながっていく可能性があるかをまとめています．

　私たちは，一歩一歩丁寧に概念を理解していけば，誰でも最前線の研究を理解することができると考えています．このシリーズは，大学入学から間もない学生には，「いま学んでいることがどのように発展していくのか？」という問いへの答えを示します．さらに，大学で基礎を学んだ大学院生・社会人には，「自分の興味や知識を発展して，最前線の研究テーマにおける"自然のしくみ"を理解するにはどのようにしたらよいのか？」という問いにも答えると考えます．

　物理の世界は奥が深く，また楽しいものです．読者の皆さまも本シリーズを通じてぜひ，その深遠なる世界を楽しんでください．

須藤彰三

岡　真

はじめに
格子QCDによるハドロン物理の目指すもの

　ハドロンとは，陽子，中性子，中間子などの「素粒子」の総称である．ハドロンの特徴は，強い相互作用をするということである．ハドロンは「素粒子」であるといったが，実は，ハドロンはより基本的なクォークとグルーオンからできている複合粒子であり，その点では素粒子ではない．通常のやり方では，構成要素であるクォークやグルーオンの性質を調べればよいのであるが，閉じ込めという現象のために，クォークやグルーオンは粒子として観測されず，その意味ではクォークやグルーオンも厳密には素粒子ではない．このような状況のために，ハドロンは構造を持つ粒子でありながら，その構成要素は観測できない，という奇妙なことになっている．

　本書では，そのようなハドロンの性質をクォークやグルーオンの運動を記述する量子色力学 (QCD) を用いて理解していこうという試みを紹介する．本シリーズのテーマである「基本法則から読み解く」ということで，単なるお話ではなく，基本法則やそれを使った推論や計算なども取り混ぜてハドロンの物理を解説していく．本書の内容，特に計算部分は，物理関連学科の大学生であれば容易に理解できるレベルである．物理をあまり知らなくても，数学的操作や論理の積み上げなどに慣れている方であれば理解できるように，なるべく予備知識を仮定しないようにした．計算などは一見難しそうに見えても，自分で少し手を動かして考えてみると理解できるように書いたつもりなので，なるべく自分で理解するつもりで読んでほしい（とは言え，少々，難しい部分もあると思われるので，どうしてもわからない場合は読み飛ばして頂いて構わない）．

　本書を使って解説した「基本法則」などは以下のものがある．

　第3章では，スピンの性質とその合成について解説している．これはクォークの持っているスピンから，ハドロンのスピンを説明するのに重要である．また第3章では，パウリの排他原理とその関連で導入されたカラーについても紹介している．第4章では，ハドロン物理を理解するのに必須であるQCDを，

ファインマン図と言われるものを導入し，直感的に説明している．QCD の特徴的な性質の 1 つである漸近的自由性の部分では，微分方程式を用いて，より数学的な説明も行っている．第 5 章では，本書のタイトルにも含まれている「格子 QCD」を解説している．あまり，数学的にはならないようにしたつもりではあるが，必要な部分では，若干の数式を使って，ゲージ理論に関する説明も行っている．電磁気学を知っていると理解しやすいかも知れない．格子 QCD とその数値計算に関しては基本的な部分だけに絞って紹介した．第 6 章はその知識を使って理解できる範囲で最新の研究成果の一部を紹介した．第 7 章は，本書のメインな部分であり，格子 QCD を使って核力などのハドロン間相互作用を研究する方法を紹介している．この研究は現在進行中でもあり，その臨場感が伝われば幸いである．また，ここでは，簡単な量子力学やその散乱理論の計算例を紹介している．少し難しいと思うが，古典力学の調和振動子を知っている人なら理解できる内容なので敬遠せずに取り組んで頂きたい．

本書では，光速 $c=1$，プランク定数 $\hbar=1$ の自然単位系を用いる．ただし，説明の都合上，一部では c や $\hbar$ を使うことがある．

最後にこの場を借りて今までお世話になった多くの方々に感謝の意を表したい．特に，HAL QCD Collaboration のメンバーとの共同研究を通じた様々な議論によって本書の執筆が可能になった，と言っても過言ではない．

2016 年 12 月　　　　　　　　　　　　　　　　　　　　　　　青木慎也

目 次

第1章 素粒子物理学入門　　1

1.1 素粒子とは？ 1
1.2 素粒子の性質 3
1.3 素粒子の標準理論 6

第2章 ハドロン　　9

2.1 ハドロンとクォーク 9
2.2 スピン 10
2.3 バリオンのスピン 13
2.4 パウリの排他原理とカラー自由度 14
2.5 メソンとクォーク 17
2.6 ストレンジクォークとハドロン 19
2.7 この章のまとめと問題の解答 24

第3章 量子色力学 (QCD)　　27

3.1 電磁相互作用と QED 27
3.2 カラー自由度とグルーオン 32
3.3 QCD 33
3.4 漸近的自由性とクォークの閉じ込め 34
3.5 QCD による漸近的自由性 37

第4章　格子QCD　　41

- 4.1　摂動展開の限界 41
- 4.2　場の量子論 42
- 4.3　格子上の場の理論 44
- 4.4　ゲージ理論とQCD 48
- 4.5　格子QCD 53
- 4.6　格子QCDの数値シミュレーション 59
  - 4.6.1　重要サンプリング 60
  - 4.6.2　乱数 61
  - 4.6.3　モンテカルロ法 64
  - 4.6.4　格子QCDのモンテカルロ法の手順 65
  - 4.6.5　格子QCDの数値シミュレーションの発展 66

第5章　格子QCDによる数値計算の代表的な結果　　67

- 5.1　クォークの閉じ込め 67
- 5.2　カイラル対称性の自発的破れ 71
- 5.3　ハドロン質量 77
  - 5.3.1　ハドロン質量計算の手順 78
  - 5.3.2　2+1フレーバーQCDの最近の結果 80
  - 5.3.3　アップクォークとダウンクォークの質量差を入れた計算　82

第6章　格子QCDによるハドロン間相互作用　　85

- 6.1　核力 85
- 6.2　QCDによる核力の理解に向けて 88
  - 6.2.1　格子QCDの核計算はなぜ難しいのか 88
  - 6.2.2　量子力学と散乱 89
- 6.3　格子QCDによるハドロン相互作用の研究法I：有限体積法 .. 94
  - 6.3.1　有限体積法 94

	6.3.2	有限体積法の結果の例	95
6.4	格子 QCD によるハドロン相互作用の研究法 II：ポテンシャル法		98
	6.4.1	ポテンシャルの定義とその計算手順	99
	6.4.2	NBS 波動関数とその性質	101
	6.4.3	ポテンシャルの定義とその性質	103
	6.4.4	非局所ポテンシャルの微分展開	105
	6.4.5	格子 QCD のよる核力ポテンシャルの計算例	107
	6.4.6	核力ポテンシャルの構造：テンソルポテンシャル	110
	6.4.7	ポテンシャルから位相差へ	112
	6.4.8	斥力芯の起源	114
	6.4.9	H ダイバリオン	116

第 7 章　今後の課題　　　　　　　　　　　　　　　119

7.1	ポテンシャル法の拡張	119
7.2	有限温度，有限密度の QCD	120

参考文献　　　　　　　　　　　　　　　　　　　　123

索　　引　　　　　　　　　　　　　　　　　　　　125

第1章 素粒子物理学入門

1.1 素粒子とは？

　「素粒子」は，物をどんどん細かくしていったときに，最後に残る物質の「最小単位」を意味する言葉である．物質の素（もと）となる粒子，と言った意味であろう．物質をどんどん細かくしていったらどうなるかということは，はるか昔のギリシャ時代から考えられていたようである．そのなかから，分割不可能な物質の最小単位という考え方が生まれてきた．そのような物質の最小単位を原子（アトム）と呼んでいた時代もあったが，現在では，物質の最小単位を素粒子と呼んでいる．分子や原子などはさらに細かく分割できるので，もはや「分割不可能な最小単位」ではない．このように素粒子という言葉が指すものの実体は，時代とともに変化している．その歴史を簡単に振り返ってみよう．

　物質を分解していくと，水，塩，金属など固有の性質を示す分子に行き着く．さらに調べていくと，このような様々な分子は，水素，酸素，炭素などの，より少数の元素の組み合わせで説明できることがわかる．元素の最小単位は原子と呼ばれる．例えば，水分子は水素原子2個，酸素原子1個でできているので，H_2O と書く．ところが，元素の種類は100ぐらいもあり，その数はそれほど少なくないため，当時，「原子は物質の最小単位ではないのでは」と考えていた科学者は多かったと思われる．

　原子をさらに調べていくと，非常に小さいが重いプラスの電荷を持った核（原子核）と，軽くてマイナスの電荷を持った多数の粒子（電子）から構成されていることがわかってきた．太陽の周りを地球などの多くの惑星が回っているように，原子核の周りをたくさんの電子が回っているというイメージである．電子の電荷は電荷 e を単位にして -1 だが，原子核はプラスの電荷を持ち，その総数は周りの電子の数に等しく，その数は「原子番号」と呼ばれている．し

がって，原子核のプラスの電荷と全電子のマイナスの電荷が等しいので，原子全体では，電気的に中性である．

　原子核を発見した頃の科学者達は，推論や実験を駆使して，原子核は正の電荷を持った陽子と電荷を持たないが陽子と重さがほぼ等しい中性子から構成されている，と考えるようになっていった．この考え方は，例えば以下のような原子の性質を統一的に説明できる．原子番号（電子の総数）が同じ原子は同じ性質を示すが，原子番号が等しくても重さが違う原子核が存在する．これを「同位体」と呼ぶ．例えば，重さが水素の2倍の重水素というものがあり，その科学的な性質は水素と同じである．実際，海水中には水素の代わりに重水素を含んだ水が微量に含まれており重水と呼ばれている．また，自然には，質量が水素の3倍の三重水素も存在している．科学者はこのような同位体の存在を陽子と中性子を使って，次のように説明しようとした．「水素の同位体の原子核はいずれも陽子1つを含むが，中性子の数が違うために重さが異なる．つまり，水素の原子核は中性子を含まず，重水素の場合は中性子1個，三重水素なら中性子2個を含むと考えればよい」．

　1918年に陽子が，1932年に中性子が発見されたことで，「原子核は陽子と中性子で構成されている」というこの考えが正しいことがわかった．この考え方では，100種類もの元素が，たった3種類の構成要素である陽子，中性子，電子の組み合わせで説明できてしまうので，非常にシンプルである．この考え方に基づき，1960年代から70年代までは，この3種類の構成要素が「素粒子」だと考えられていた．つまり，世の中のどんな物質もそれを分解していくと，最後にこの3つの分割不可能な素粒子に行き着くわけである．逆に，この3つの素粒子を組み合わせることで世の中にあるすべて物質を作ることができるはずだ．いわゆる，「錬金術」である．

　このように，陽子，中性子，電子，で話が終わっていれば簡単だったのだが，後で詳しく議論するように，陽子と中性子を原子核に結びつける「核力」と呼ばれる力の起源となる新しい素粒子の存在が日本の湯川秀樹博士により予言された．その粒子は，宇宙から降ってくる放射線である「宇宙線」のなかに発見され，π 中間子と呼ばれるようになり，この粒子も素粒子と考えられるようになった．このように素粒子の数は徐々に増えていったが，1960年代から70年代には，陽子や中性子の仲間で，この本のタイトルにも含まれている「ハドロン」と呼ばれる粒子が，加速器実験などにより人工的に多数作られるようになっ

た．しかもその数は，数え方にもよるのだが，数百以上にもなり，元素の種類よりも多くなってしまった．これではもう「素粒子」とは呼べないので，科学者達は，陽子や中性子などのハドロンはもはや「素粒子」ではないと考えるようになってきた．

そして，理論，実験両方の多くの科学者が試行錯誤を繰り返しながら，少しずつハドロンに対する理解を深めてきた．現在では，陽子や中性子は何らかの基本的な素粒子が複数個集まってできた粒子（このような粒子を複合粒子と呼ぶ）であると考えられている．その基本的な粒子はクォークと呼ばれ，いろいろな奇妙な性質を持っている．次節では，クォークの奇妙な性質などを含めて，現在の素粒子についての少し詳しい説明をしていく．

1.2 素粒子の性質

まず，素粒子は，その重さである質量とその自転する能力であるスピンで特徴づけられる．質量はともかく，スピンという言葉にはあまり馴染みが無いと思うので，少し説明をしよう．スピンというのは，フィギュアスケートのスピンのように，素粒子の自転する能力のことである．我々が素粒子を考えるときは，大きさが無い点（これを質点と呼ぶ）と考えるので，自転というのは若干奇妙であるが，とりあえずはこのように考えてほしい．スピンは回転軸の方向があるのでベクトルであり，その大きさが回転の速さを表すと考える．スピンの大きさ（回転の速さ）は連続的に変化できる気がするが，量子力学を考えるとスピンの大きさは「とびとび」の値しか持てない．光速とプランク定数を共に 1 にとる自然単位系 ($c = 1, \hbar = 1$) で考えると，スピンの大きさ（S とする）は整数 ($S = 0, 1, 2, \cdots$) か半整数 ($S = 1/2, 3/2, 5/2, \cdots$) の値しかとれない（$S$ は大きさなので非負の値になる）．整数スピンを持つ粒子（素粒子で無くても，素粒子が集まってできた複合粒子の場合でもよい）をボーズ粒子（ボソン），半整数スピンを持つ粒子をフェルミ粒子（フェルミオン）という．

素粒子は，質量とスピン以外にもいくつかの性質を持つ．例えば，電荷である．電荷は電磁相互作用をする性質と考えることができる．同じ符号の電荷（++あるいは −−）を持つ2つの素粒子には斥力（反発力）が働き，逆符号の電荷を持つものには引力が働く．実験で観測される素粒子の電荷は，必ず単位電荷 e

の整数倍になっている．なぜ整数倍の電荷しか許されないのかを説明する理論はいまだに確立していない．実は，この電磁気の理論に量子力学を適用すると，電荷を持つ粒子の間に働く力は，粒子同士が仮想的なある粒子を交換することで生じることが結論される．このある粒子は「光子」と呼ばれ，「仮想的」なので実験的には観測できないが，ある条件では実存の粒子に転化し，我々がよく知っている光になる．つまり，電磁気力は仮想的な光（光子）の交換によって生ずるわけである．仮想粒子の交換による力のやりとりをイメージするには以下のように考えればよい．スケートリンク上にスケート靴を履いた2人がキャッチボールをすることを考えよう．1人がボールを投げるとその反動（これは，作用・反作用の法則，あるいは運動量の保存，で理解できる）で後ろに滑っていくが，そのボールを受け取ったもう1人もその勢い（これも運動量の保存）で後ろに下がる．このようにして，ボールの交換により力をやりとりすることが理解できる．この例では2人は遠ざかっていくのでその力は斥力であるが，素粒子の場合は交換する粒子の性質によって引力も可能になる（キャッチボールの例でも引力を作ることは可能であるので考えてみてほしい）．力の（有効）到達距離は交換する粒子の質量 m に逆比例（反比例）し，$1/m$ となる．光子の質量はゼロなので，その到達距離は無限大になるが，実際は，符号が反対の電荷により遮蔽されるので，遠くまでは届かない．

　電磁気的な力の他によく知られた力として重力がある．重力（万有引力）は質量に作用するが，電磁気と違って引力のみなので，質量のある物質同士は必ず引き合う．ニュートンの万有引力は，電磁気のクーロン力と同じように粒子間の距離の逆2乗に比例するので，その（有効）到達距離もやはり無限大であるが，クーロン力のように遮蔽がないので，宇宙規模でその力が重要になる．光子のようにゼロ質量の粒子には重力が働かない気がするが，アインシュタインの一般相対性理論によるとエネルギーと質量は等価なので，ゼロ質量でもエネルギーを持てば重力が働く．実際，一般相対性理論の検証として，星からくる光が太陽の重力により曲げられることを確認した観測は有名である．素粒子のようなミクロな世界では，重力は非常に弱いので，実際にはほとんど影響を与えない．したがって，素粒子の質量は重力の源ではなく，力が加わったときにどのくらい動きにくいかを表す量（慣性質量）としての意味の方が大きい．ニュートンの第二法則 $F = ma$ の m である．

　電磁気力，重力以外に素粒子に働く力としては，強い力（強い相互作用）と

弱い力（弱い相互作用）の2つがある．この2つはあまり馴染みが無いと思うが，素粒子の世界では重要な相互作用である．強い相互作用は，陽子と中性子が原子核という非常に小さな固まり（その大きさは 10^{-14} メートル程度）を作ることを説明するために導入されたものである．当時知られていた力である重力では小さな原子核を構成するには弱すぎるし，電磁気力は逆に正の電荷を持つ陽子同士を反発させる．また，中性子は電荷を持たないので電磁気力は働かない．そこで当時の人は陽子や中性子の間に新しい力（当然引力である）が働き，原子核を作ると考え，その新しい力に「核力」という名前を付けた．問題は，その核力が何によって生じるのか，つまりその起源は何なのか，ということであった．それに解答を与えたのが，日本の湯川秀樹博士であった．彼は1934年の論文で，「核力は仮想的な未知の粒子の交換により生じる．核力の到達距離から未知の粒子は電子の質量と陽子の質量の中間」という理論を提唱した．この未知な粒子は「中間子」と名付けられ，湯川の理論は「中間子論」と呼ばれた．前の段落で，電磁気力は仮想的な光子の交換で生じる，と説明したが，湯川はそれを核力に適応し，「核力は仮想的な中間子の交換によって生じる」と考えたわけである．仮想的な粒子であった中間子が実存の粒子として見つかったことで，湯川の中間子論の正しさが証明され，彼は1949年に日本人として初めてノーベル賞（物理学）を受賞した．その後，いろいろな素粒子が発見され，陽子や中性子と同様な相互作用をすることがわかったので，核力は強い相互作用と呼ばれることになったのである．強い相互作用をする素粒子は「ハドロン」と呼ばれており，本書のテーマになっている．現在では，ハドロンはクォークから構成されていると考えられており，クォークの相互作用から強い相互作用が説明できる．その詳しい話は本書の中心テーマであり，これから詳しく紹介していくので，ここではこれ以上述べない．

　最後に残った弱い力は，原子の出すベータ線という放射線と関係する．原子核は，ベータ崩壊という過程で，その原子番号が1つ増え（つまり，電荷が1つ増え），別の原子核に変化する．つまり，原子番号が Z で，質量数が N の原子核を (N, Z) と書くとすると，これが $(N, Z+1)$ となるわけだが，その際に，ベータ線という放射線を出す．ベータ線の正体は（負の電荷を持つ）電子である．原子核は陽子（英語では proton というので p という記号で書く）と中性子（neutron，n と書く）から構成されているので，ベータ崩壊を陽子，中性子の言葉で書くと，中性子が陽子と電子（electron，e と書く）に崩壊したと考え

ることができる．記号で書くと $n \to p^+ + e^-$ となる．ここで，p や e の方の $\pm$ は（単位電荷で計った）その電荷を表す．このベータ崩壊では，電荷の総量は崩壊の前後で変わらない（電荷の保存）が，エネルギーが保存していないことがわかり，大騒ぎになったが，この問題は，パウリが（反）ニュートリノ (ν) という中性の新粒子を導入することで解決された．つまり，正しいベータ崩壊は $n \to p^+ + e^- + \bar{\nu}$ であり，この場合，エネルギーは崩壊の前後で変わらない．ここで，$\bar{\nu}$ はニュートリノではなく，その反粒子で反ニュートリノと呼ばれている．ベータ崩壊を引き起こす力が弱い相互作用である．弱い相互作用に関しては，ここではこれ以上は触れない．

　以上の準備のもと，現時点での素粒子に関する理解を紹介しよう．

1.3　素粒子の標準理論

　素粒子は，主に，物質を構成する粒子と力（相互作用）を媒介する粒子の2つに分けられる．

　物質を構成する粒子はクォークとレプトンの2種類である．クォークは，強い相互作用，電磁相互作用，弱い相互作用，重力相互作用，の4つのすべての相互作用をする．クォークは現在，アップ，ダウン，ストレンジ，チャーム，ボトム，トップの6種類あることがわかっている．一方，レプトンは強い相互作用はせず，残りの3つの相互作用をする電子，ミュー粒子，タウ粒子と，電荷を持たないため電磁相互作用もしない電子ニュートリノ，ミューニュートリノ，タウニュートリノがあり，やはり全部で6種類ある．実は，クォークの数とレプトンの数が同じなのは偶然ではなく，クォーク2つとレプトン2つが1つのグループになっていて，世代と呼ばれている．例えば，（アップ，ダウン，電子，電子ニュートリノ）は第1世代と呼ばれている1つのグループである．したがって，物質を構成する粒子は3世代あることになる．クォークは電荷を持つと述べたが，1つの世代中では，アップ型（アップ，チャーム，トップ）のクォークの持つ電荷はプラス2/3，ダウン型（ダウン，ストレンジ，ボトム）のクォークの電荷はマイナス1/3，と単位電荷の整数倍にならない奇妙な値となっている．一方，電子型（電子，ミュー粒子，タウ粒子）のレプトンの電荷はマイナス1で整数倍であり，ニュートリノは電荷を持たない．また，クォーク，レプ

トンともスピンは 1/2 であり，半整数なので，フェルミ粒子である．

次に，力を媒介する粒子を考えよう．前にも述べたように，電磁相互作用を媒介するのは光子である．一方，重力を媒介する粒子は重力子と思われているが，理論的にも実験的にもまだよくわかっていない．強い相互作用を媒介する粒子はグルーオンと呼ばれており，8 種類ある．弱い相互作用を媒介する粒子は電荷を持つ 2 種類の W 粒子と中性の Z 粒子の 3 種類ある．自然界の 4 つの力を媒介する粒子のうち，光子と重力子の質量はゼロであり，その到達距離は無限大である．したがって，人類にとってこの 2 つの力は身近に存在し，比較的早い時期にこの 2 つの力を認識することができた．一方，弱い相互作用をする W 粒子と Z 粒子は質量を持ち，Z 粒子は W 粒子より重い．媒介粒子が質量を持つため，弱い相互作用の到達距離は有限であり，10^{-18} m 程度と非常に短い．強い相互作用の媒介粒子であるグルーオンは，理論的にその「質量」はゼロと考えられているが，その相互作用の非線形性のために，力の到達距離は無限大にはならず，有限である．この奇妙な点については，後の章でより詳しく述べる．力を媒介する粒子のスピンは重力子以外はすべて 1 であるので，ボソンである．特にスピン 1 のボソンのことをベクターボソンとか，ベクター粒子などと呼ぶ．重力子のスピンは 2 だと考えられている．

素粒子標準模型のなかで最後に見つかったのは，ヒッグス粒子である．ヒッグス粒子は，もともとゼロ質量であった W 粒子や Z 粒子に質量を与える役割だけでなく，クォークやレプトンなどの物質粒子にも質量を与えるという二重の役割を持った奇妙な粒子である．本書ではヒッグス粒子に関してはこれ以上触れないが，興味のある方は参考文献 [1] を見てほしい．ヒッグス粒子のスピンはゼロなので，ボソンであり，ヒッグスボソンと呼ばれることもある．

以上紹介した素粒子標準模型の粒子を表 1.1 と表 1.2 に載せる．

表 **1.1** 物質粒子．スピンはすべて 1/2．

	第 1 世代	第 2 世代	第 3 世代	電荷
クォーク	アップ ダウン	チャーム ストレンジ	トップ ボトム	2/3 −1/3
レプトン	電子 電子ニュートリノ	ミュー粒子 ミューニュートリノ	タウ粒子 タウニュートリノ	−1 0

表 1.2 力を媒介する粒子や質量を与える粒子. 重力子は未発見なので, その性質は未確定.

力	媒介粒子	数	質量	電荷	スピン
強い相互作用	グルーオン	8	ゼロ	0	1
弱い相互作用	W 粒子	2	重い	±1	1
	Z 粒子	1	重い	0	1
電磁相互作用	光子	1	ゼロ	0	1
重力	重力子	1	ゼロ (?)	0	2(?)
質量を与える粒子	ヒッグス粒子	1	重い	0	0

第2章 ハドロン

いよいよ本書の主題であるハドロンの説明に入ろう．

2.1 ハドロンとクォーク

ハドロンは強い相互作用をする粒子の総称である．歴史的には，原子核を構成する陽子や中性子の仲間であるバリオンと核力を媒介するπ中間子の仲間であるメソンの2つの種類の粒子が，強い相互作用をするハドロンという素粒子と考えられてきた．しかしながら，前に述べたように，あまりに多くのハドロンが見つかったため，ハドロンはもはや素粒子でなく，より基本的な粒子であるクォークからできている，と考えられるようになった．この点をもう少し詳しく説明していこう．

通常の物質を構成する元素の原子核は，第1世代のアップクォークとダウンクォークからできている．陽子はアップクォーク2つ，ダウンクォーク1つで構成され，中性子はアップクォーク1つ，ダウンクォーク2つでできている．クォークの電荷はアップが$+2/3$，ダウンが$-1/3$なので，陽子の電荷は$2/3 \times 2 - 1/3 = 1$とプラス1に，中性子の電荷は$2/3 - 1/3 \times 2 = 0$とゼロになり，知られている電荷を再現している．このように，陽子や中性子などのバリオンは3つのクォークからできている．このことを記号を使って書くことにしよう．前にも述べたが，英語で，陽子はproton，中性子はneutronというので，それぞれの頭文字をとって，pやnと書く．一方，クォークも，アップ (up) クォークはu，ダウン (down) クォークはdなどと書く．この記号法で，陽子や中性子をクォークで表すとすると，$p = uud$, $n = udd$となる．

さて，この記号法に慣れるために，アップクォークとダウンクォークから作

られる．陽子，中性子以外のバリオンを考えよう．クォークの組み合わせから，アップクォークが3つ，あるいはダウンクォークが3つ，というバリオンは可能なはずであり，実際，アップクォークやダウンクォークが3つのバリオンは Δ 粒子と呼ばれ，それぞれ $\Delta^{++} = uuu$, $\Delta^{-} = ddd$ と書かれる．Δ の肩にある ++ や − はその粒子の持つ電荷を表し，アップが3つだと $2/3 \times 3 = 2$，ダウンが3つだと $-1/3 \times 3 = -1$ である．

2.2　スピン

バリオンもスピンを持つが，クォークのスピンとバリオンのスピンとの関係を考えたい．そのために，ここでは，スピンに関して必要になる性質を解説する．

クォークのスピンが 1/2 なので，バリオンのスピンはその和である 3/2 かと思われるかもしれないが，実はそうではない．電荷と違って，スピンはベクトル的な量なので，単純な足し算が成り立たないからだ．ただし，「スピンはベクトル的な量」といったが，古典的なベクトルではなく，量子力学的なベクトルなので，注意が必要である．少し専門的になるが，以下でそれを説明しよう．

クォークのスピンは 1/2 といったが，正確にはスピンの大きさが 1/2 であるというのが正しい．スピンベクトルを $\vec{S} = (S_x, S_y, S_z)$ と書くと，スピンの大きさは $|S| = \sqrt{S_x^2 + S_y^2 + S_z^2}$ である．古典的なベクトルであれば，「その大きさが 1/2」というのは $|S| = 1/2$ を意味するが，量子力学的なベクトルの場合は，各成分 S_x, S_y, S_z が互いに交換しないので，このようにならない．なぜそうなるのかの説明はしないが，スピンの大きさが S といった場合，$|S|^2 = S^2$ ではなく，$|S|^2 = S(S+1)$ となるのである．したがって，スピン 1/2 のクォークの場合は，$|S|^2 = 3/4$ となる．量子力学では，交換しない量は同時に決められない（不確定性原理）ので，スピンの各成分を同時に決めることはできない．そこで，スピンの大きさ S とその z 成分 S_z を決めて，スピンベクトルを指定することにする（スピンの大きさ $\vec{S}^2$ とその z 成分 S_z は交換するので，その値を同時に決めることができる）．スピンの大きさが 1/2 の場合，S_z は，量子力学なので勝手な値はとれずに，$+1/2$ か $-1/2$ の2通りの値しかとれない．$S_z = +1/2$ の状態をスピンがアップの状態，$S_z = -1/2$ をスピンがダウンの状態と呼ぶことがある．また，以下のような記号を使う．

$$|1/2, 1/2\rangle_{S,S_z} = |\uparrow\rangle, \quad |1/2, -1/2\rangle_{S,S_z} = |\downarrow\rangle. \tag{2.1}$$

等式の左側は，スピンの大きさ S とその z 成分 S_z を指定した書き方で，一般の S に関しても使えるが，右辺はスピンが 1/2 の場合だけに使われる記号法で，S_z の値を上向きの矢印（アップ状態）と下向きの矢印（ダウン状態）で表している．また，ここで使われている $|a\rangle$ はケット記号と呼ばれ，量子力学的状態を表す．

前置きが長くなったが，スピンが 1/2 のクォークが 3 つ集まったバリオンのスピンを考える前に，まず，スピン 1/2 が 2 つ集まった場合を考えよう．このようなときにはベクトル量であるスピンそのものではなく，スカラー量であるその z 成分に注目して考えるとよい．スピンの z 成分の値の可能性は以下の 3 つがある．$S_z = 1/2 + 1/2 = 1$ の場合，状態は 1 つで $|\uparrow\uparrow\rangle$ と書ける．ここで，1 つめの矢印は 1 番めの粒子のスピン状態，2 つめは 2 番めの状態を表している．同様に $S_z = -1/2 - 1/2 = -1$ の場合，状態は 1 つで $|\downarrow\downarrow\rangle$ となる．$S_z = 0$ の状態は $|\uparrow\downarrow\rangle$ と $|\downarrow\uparrow\rangle$ の 2 つの状態がある．さて，このような状態のスピンの大きさ S を決めていこう．$S_z = \pm 1$ の状態のスピンの大きさ S は 1 以上になることはわかると思うが，ここでは $S_z > 1$ の状態が無いので，$S = 1$ と考えるのが妥当である．量子力学では，スピンの大きさが S の状態は $2S + 1$ の異なった状態を持つことが知られているので，$S = 1$ なら 3 つの状態があり，$S_z = 1, 0, -1$ を持つ．したがって，$S = 1$ の状態は以下で与えられる．

$$|1,1\rangle_{S,S_z} = |\uparrow\uparrow\rangle, \tag{2.2}$$

$$|1,0\rangle_{S,S_z} = \frac{1}{\sqrt{2}}(|\uparrow\downarrow\rangle + |\downarrow\uparrow\rangle) \tag{2.3}$$

$$|1,-1\rangle_{S,S_z} = |\downarrow\downarrow\rangle \tag{2.4}$$

$S_z = 0$ の状態を上のような形にとった理由をきちっと説明するのは難しいが，一応の理屈としては，$S_z = \pm 1$ の状態は，1 番めの粒子のスピンと 2 番めの粒子のスピンを入れ替えても状態が変わらないので，$S_z = 0$ でもその性質が成り立つように決めた，と言うことができる．スピン 1/2 の粒子が 2 つあると取り得る状態は $2^2 = 4$ あるはずなので，もう 1 つ状態があるはずである．それは $S_z = 0$ であるが，状態は 1 つしかないので $S = 0$ のはずであり，したがって $S = 0, S_z = 0$ の状態になる．その状態は，$S = 1, S_z = 0$ の状態と「直交」するはずなので，

$$|0,0\rangle_{S,S_z} = \frac{1}{\sqrt{2}}(|\uparrow\downarrow\rangle - |\downarrow\uparrow\rangle) \qquad (2.5)$$

ととれる．

直交という言葉を用いたが，ここでは，状態を「ベクトル」と考えて，その内積がゼロということを意味している．スピン状態のベクトルの内積は次のように定義する．まず，スピン 1/2 状態では，

$$\langle\uparrow|\uparrow\rangle = \langle\downarrow|\downarrow\rangle = 1, \quad \langle\uparrow|\downarrow\rangle = \langle\downarrow|\uparrow\rangle = 0 \qquad (2.6)$$

と定義する．ここで，$\langle a|$ はブラ記号，あるいは，ブラ・ベクトルと呼ばれ，内積 $\langle a|b\rangle$ はブラケットと言われる．スピン 1/2 が 2 つの場合は，$|\uparrow\uparrow\rangle = |\uparrow\rangle_1|\uparrow\rangle_2$ であることを使うと（ここで添字 1,2 は粒子 1，粒子 2 などを意味している），

$$\langle\uparrow\uparrow|\uparrow\uparrow\rangle = {}_1\langle\uparrow|\uparrow\rangle_1 \times {}_2\langle\uparrow|\uparrow\rangle_2 = 1 \qquad (2.7)$$

と計算できる．すべての場合を計算すると

$$\langle ab|cd\rangle = \delta_{ac}\delta_{bd} \qquad (2.8)$$

と書けるので，各自確かめて頂きたい．ここで，δ_{ac} などはクロネッカーのデルタ記号と呼ばれ，もし $a = c$ なら $\delta_{ac} = 1$，$a \neq c$ なら $\delta_{ac} = 0$ と定義される．この性質を使うと，

$$_{S,S_z}\langle 1,0|0,0\rangle_{S,S_z} = \frac{1}{2}(\langle\uparrow\downarrow|\uparrow\downarrow\rangle - \langle\downarrow\uparrow|\downarrow\uparrow\rangle) = 0, \qquad (2.9)$$

とスピンが 1 で $S_z = 0$ の状態とスピンが 0 で $S_z = 0$ の状態が直交していることがわかる．

さて，いよいよスピン 1/2 のクォークが 3 つでバリオンを作ったときのスピンを考えよう．まず，S_z がとることのできる最大の値を考えると，$S_z = 3/2$ であることがわかる．この状態は $S = 3/2$ と推測できるので，$S = 3/2$ の 4 つ $(2S + 1 = 4)$ の状態は

$$|3/2, 3/2\rangle_{S,S_z} = |\uparrow\uparrow\uparrow\rangle, \qquad (2.10)$$

$$|3/2, 1/2\rangle_{S,S_z} = \frac{1}{\sqrt{3}}(|\uparrow\uparrow\downarrow\rangle + |\uparrow\downarrow\uparrow\rangle + |\downarrow\uparrow\uparrow\rangle), \qquad (2.11)$$

$$|3/2,-1/2\rangle_{S,S_z} = \frac{1}{\sqrt{3}}\left(|\uparrow\downarrow\downarrow\rangle + |\downarrow\uparrow\downarrow\rangle + |\downarrow\downarrow\uparrow\rangle\right), \tag{2.12}$$

$$|3/2,-3/2\rangle_{S,S_z} = |\downarrow\downarrow\downarrow\rangle \tag{2.13}$$

ととれる．$S_z = \pm 1/2$ の状態は，どの粒子の入れ替えに対しても対称になるようにという条件を使って決めた．残りの状態はすべて $S_z = \pm 1/2$ だから，$S = 1/2$ であろう．式 (2.5) のスピン 0 の 2 粒子状態にスピン 1/2 の 3 番めのクォークを付け加えれば，簡単に $S = 1/2$ の 3 クォーク状態を以下のように作れる．

$$|1/2,1/2\rangle_{S,S_z} = \frac{1}{\sqrt{2}}\left(|\uparrow\downarrow\uparrow\rangle - |\downarrow\uparrow\uparrow\rangle\right), \tag{2.14}$$

$$|1/2,-1/2\rangle_{S,S_z} = \frac{1}{\sqrt{2}}\left(|\uparrow\downarrow\downarrow\rangle - |\downarrow\uparrow\downarrow\rangle\right). \tag{2.15}$$

スピン 1/2 の粒子は S_z が異なる 2 つの状態を持つので，3 つのクォークが取り得るスピンの状態は $2^3 = 8$ で 8 通りあるはずだが，ここで考えたスピン 3/2 とスピン 1/2 の状態を合わせても $4 + 2 = 6$ の 6 通りしかない．残りの 2 つの状態として考えられるのは，別のスピン 1/2 の状態であり，以下のように与えられる．

$$|1/2,1/2\rangle'_{S,S_z} = \frac{1}{\sqrt{6}}\left(2|\uparrow\uparrow\downarrow\rangle - |\uparrow\downarrow\uparrow\rangle - |\downarrow\uparrow\uparrow\rangle\right), \tag{2.16}$$

$$|1/2,-1/2\rangle'_{S,S_z} = \frac{1}{\sqrt{6}}\left(|\uparrow\downarrow\downarrow\rangle + |\downarrow\uparrow\downarrow\rangle - 2|\downarrow\downarrow\uparrow\rangle\right). \tag{2.17}$$

ここで，$1/\sqrt{6}$ という奇妙な数字は，この状態の大きさを 1 にするために導入された定数である．$S_z = 1/2$ である式 (2.16) や $S_z = -1/2$ である式 (2.17) の状態は同じ S_z を持つ式 (2.11), (2.14) や式 (2.12), (2.15) の状態とそれぞれ直交しているので，確かめてほしい．

2.3　バリオンのスピン

スピンの説明が長くなってしまったが，いよいよバリオンのスピンをクォークのスピンから考えていこう．2.1 節では，陽子，中性子の他に，Δ^{++} や Δ^- を紹介したが，Δ 粒子には，他にも $\Delta^+ = uud$ や $\Delta^0 = udd$ が見つかっている．この 2 つは，クォークの組み合わせだけをみると陽子や中性子と区別できない

のだが，実はスピンが異なっている．陽子，中性子のスピンは1/2だが，Δ粒子のスピンは3/2なのだ．スピンの自由度も考えて，バリオンの状態を書き表すことで両者が区別できる．

ブラケット記号を使って，スピン1/2である陽子や中性子の状態を書き表してみよう．まず，陽子は

$$|p,\uparrow\rangle = \frac{1}{\sqrt{2}}|(u_\uparrow d_\downarrow - u_\downarrow d_\uparrow)u_\uparrow\rangle, \tag{2.18}$$

$$|p,\downarrow\rangle = \frac{1}{\sqrt{2}}|(u_\uparrow d_\downarrow - u_\downarrow d_\uparrow)u_\downarrow\rangle \tag{2.19}$$

と書くことができる．量子力学的な粒子であるクォークは個性が無く，1つめのクォーク，2つめのクォークといった区別は意味がないので，uud, udu, duu も等しく陽子を表す．そこで，上では udu とクォークを固定して，そこにスピン1/2状態である式 (2.14), (2.15) を組み合わせた（実は式 (2.18), (2.19) には奇妙な点があるのだが，それについてはもう少し後で触れることにする）．陽子と同様に中性子は

$$|n,\uparrow\rangle = \frac{1}{\sqrt{2}}|(u_\uparrow d_\downarrow - u_\downarrow d_\uparrow)d_\uparrow\rangle, \tag{2.20}$$

$$|n,\downarrow\rangle = \frac{1}{\sqrt{2}}|(u_\uparrow d_\downarrow - u_\downarrow d_\uparrow)d_\downarrow\rangle \tag{2.21}$$

と書ける．陽子との違いは，3番めのクォークが u から d に変わった点だけである．

次に Δ 粒子を考えよう．Δ^{++} に対しては

$$|\Delta^{++}, 3/2\rangle = |u_\uparrow u_\uparrow u_\uparrow\rangle, \tag{2.22}$$

$$|\Delta^{++}, 1/2\rangle = |u_\uparrow u_\uparrow u_\downarrow + u_\uparrow u_\downarrow u_\uparrow + u_\downarrow u_\uparrow u_\uparrow\rangle, \tag{2.23}$$

$$|\Delta^{++}, -1/2\rangle = |u_\uparrow u_\downarrow u_\downarrow + u_\downarrow u_\downarrow u_\uparrow + u_\downarrow u_\uparrow u_\downarrow\rangle, \tag{2.24}$$

$$|\Delta^{++}, -3/2\rangle = |u_\downarrow u_\downarrow u_\downarrow\rangle \tag{2.25}$$

と状態ベクトルが与えられる．Δ^+, Δ^0, Δ^- に対しては，上の式の uuu をそれぞれ uud, udd, ddd に変えればよい．

2.4　パウリの排他原理とカラー自由度

スピンが整数の粒子をボソン，半整数の粒子をフェルミオンと呼ぶことはす

でに述べたが,フェルミオンの特徴として,粒子の入れ替えに対して状態が反対称であるという性質がある(ボソンの場合は入れ替えに対して対称である).この性質から,「フェルミオンは同じ場所(あるいは同じ量子状態)に2つ入ることができない」というパウリの排他原理が導かれる.このことをもう少し詳しく説明しよう.

例として2つの電子を考えよう.電子を e とし,さらにスピンも考え,$e_\uparrow, e_\downarrow$ などと書くことにする.入れ替えに対して反対称ということは

$$|e_\uparrow e_\downarrow\rangle = -|e_\downarrow e_\uparrow\rangle \tag{2.26}$$

ということである.これを少し変形すると

$$|e_\uparrow e_\downarrow\rangle + |e_\downarrow e_\uparrow\rangle = 0 \tag{2.27}$$

となるので,もし他にこの2つの電子を区別するもの,例えば,その電子が占める位置とか量子状態とかが無いとすると,全スピン $S=1$ で $S_z=0$ の状態は作れないことを意味する.それでは $S_z=1$ の状態は作れるであろうか?入れ替えに対する反対称性は

$$|e_\uparrow e_\uparrow\rangle = -|e_\uparrow e_\uparrow\rangle \Rightarrow 2|e_\uparrow e_\uparrow\rangle = 0 \Rightarrow |e_\uparrow e_\uparrow\rangle = 0 \tag{2.28}$$

となるので,確かに状態そのものが存在しないことがわかる.ここで重要なのは,量子力学的粒子は個性が無いので,$e_\uparrow$(1番め)$e_\uparrow$(2番め)と $e_\uparrow$(2番め)$e_\uparrow$(1番め)が区別できず同じものと考えるところである(2つを区別するためには,位置とか量子状態などの違いが必要である).ここで示したように,フェルミオンは同じ量子状態(ここでは位置も量子状態と呼ぶことにする)に2つは入れない,というのがパウリの排他原理であり,入れ替えに対する反対称性からその性質が導かれることが実感できたと思う.

パウリの排他原理は,原子などの性質を説明するのに重要である.原子の性質は原子核の周りの軌道を回る電子の数で決まるが,その軌道はエネルギーが低い方から S 軌道,P 軌道,D 軌道と呼ばれる.もし電子がフェルミオンでなければ,すべての電子がエネルギーの低い S 軌道に入るのが安定状態であり,元素の周期表のような性質の違いや繰り返しは現れない.しかし電子がフェルミオンであるために,それぞれの軌道に1つずつしか入れない.S 軌道は1つ,

P 軌道は3つ，D 軌道は5つあるので，S 軌道にはスピンのアップ/ダウンを考えると2個の電子が入り，P 軌道には6個，D 軌道には10個がそれぞれ入る．ちなみに，スピンの存在がまだよくわからなかった頃は，S，P，D にはそれぞれ1個，3個，5個しか入らないと考えられていたが，それだと元素の周期表を説明できないので，そのことがスピン（自由度）の存在の必要性，根拠の1つとなった．また，S，P，D の違いは軌道角運動量 (L) の違いを表しており，S 軌道は角運動量 $L=0$，P 軌道，D 軌道はそれぞれ $L=1,2$ であり，その自由度の数は $2L+1$ となる．これはスピン S の自由度の数 $2S+1$ と同じ形をしているが，これは偶然ではなく，スピンも軌道角運動量も数学的には同じものであり，統一的に「角運動量」と呼ばれるものである．したがって，正確にはスピンはスピン角運動と言うべきである．

さて，パウリの排他原理の説明が終わったので，バリオンをクォークで表した状態についての考察に戻ろう．Δ^{++} のどの S_z の状態を考えても必ず $u_\uparrow$ か $u_\downarrow$ を2つ以上含むので，パウリの排他原理を適用するとゼロになってしまうことがわかる．つまり，$u_\uparrow u_\uparrow = u_\downarrow u_\downarrow = 0$ となってしまうので，Δ^{++} の状態をクォークで作ることができないのだ．実は，この問題は，バリオンがクォークの複合粒子ではないかという考えが提唱されたときから指摘されていた．ハンと南部の両博士は，この問題をカラーという新しい自由度を導入することで解決しようした．Δ^{++} の $S_z = 3/2$ の状態が $u_\uparrow u_\uparrow u_\uparrow$ であることから，必要最低限のカラーの数は3であることがわかる．その3つのカラーを，赤 (R)，青 (B)，緑 (G) とすると，Δ^{++} の $S_z = 3/2$ の状態は

$$\frac{1}{\sqrt{6}} | u_\uparrow^R u_\uparrow^B u_\uparrow^G - u_\uparrow^R u_\uparrow^G u_\uparrow^B - u_\uparrow^B u_\uparrow^R u_\uparrow^G + u_\uparrow^B u_\uparrow^G u_\uparrow^R + u_\uparrow^G u_\uparrow^R u_\uparrow^B - u_\uparrow^G u_\uparrow^B u_\uparrow^R \rangle \quad (2.29)$$

と与えられる．上のように6つの組み合わせすべてを書き下すのは面倒なので，以下のように

$$\frac{1}{\sqrt{6}} \sum_{abc=\{RBG\}} \varepsilon^{abc} | u_\uparrow^a u_\uparrow^b u_\uparrow^c \rangle \quad (2.30)$$

と書く．ここで，a, b, c の和はそれぞれが R, B, G をとるが，ε^{abc} は添字の入れ替えに対して反対称であり，したがって，abc がすべて異ならない限りゼロになる．そして，$\varepsilon^{RBG} = 1$ ととれば，式 (2.30) は式 (2.29) を再現する．

この記号法を使うと，例えば，カラー自由度を考えた場合の陽子は

$$|p,\uparrow\rangle = \frac{1}{\sqrt{12}} \sum_{abc=\{RBG\}} \varepsilon^{abc} | \left(u_\uparrow^a d_\downarrow^b - u_\downarrow^a d_\uparrow^b \right) u_\uparrow^c \rangle, \qquad (2.31)$$

$$|p,\downarrow\rangle = \frac{1}{\sqrt{12}} \sum_{abc=\{RBG\}} \varepsilon^{abc} | \left(u_\uparrow^a d_\downarrow^b - u_\downarrow^a d_\uparrow^b \right) u_\downarrow^c \rangle \qquad (2.32)$$

と書ける．

　カラー自由度とは何だろうか？　ここでは，パウリの排他原理を避けるために人工的に導入されたように見えるが，実はハドロン物理に関しては重要な役割を果たすものになっていく．そのことはもう少し後で紹介するので少し待って頂きたい．

　さて，ひとまずバリオンをクォークで記述する話を終わりにしたいが，その前に，1つ問題を考えよう．スピン 3/2 状態にはアップクォーク 3 つでできている Δ^{++} という状態があったが，スピン 1/2 でアップクォークが 3 つの状態は無いのだろうか？　実は，今まで紹介した方法で，スピン 1/2 の状態をアップクォーク 3 つで作ろうとするとできないことがわかる．読者の方は，実際にそのような状態が作れないことを確かめてほしい（簡単な解説をこの章の最後に載せる）．

2.5　メソンとクォーク

　これまでは，陽子，中性子などのバリオンを考えたが，核力の説明のところで述べたように，核力を媒介する粒子として導入されたパイ中間子も存在する．π中間子の仲間の粒子はメソン（中間子）と呼ばれている．メソンは，1つのクォークと 1 つの反クォークから構成される粒子である．パイ中間子は u,d クォークとその反クォークからできており，そのスピンはゼロである．まず，スピンのことは考えずに，アップ，ダウンなどのフレーバーとカラー自由度を使って，π中間子を書き表そう．まず，電荷が +1 である π^+ の状態を以下のように書く．

$$|\pi^+\rangle = |\bar{d}u\rangle, \qquad \bar{d}u \equiv \sum_{a=\{RGB\}} \bar{d}^a u^a \qquad (2.33)$$

ここで，$\bar{d}$ は反ダウンクォークであり，その電荷が $+1/3$ なので，π^+ の電荷は $1/3 + 2/3 = 1$ と確かに +1 になることがわかる．反粒子のカラーも逆になる

ので $\bar{u}^a$ のカラーは a の補色, つまり, 赤 (Red) に対してはシアン (Cyan), 青 (Blue) に対しては黄 (Yellow), 緑 (Green) に対してはマゼンタ (Magenta) になる. したがって, 上記の $\bar{d}u$ の組み合わせは, カラーに関しては無色（白）になっている. 同様に, 電荷が -1 の π^- は,

$$|\pi^-\rangle = |\bar{u}d\rangle, \qquad \bar{u}d \equiv \sum_{a=\{RGB\}} \bar{u}^a d^a \qquad (2.34)$$

となる. $\bar{u}$ は反アップクォークで, その電荷は $-2/3$ である. π^+ のクォークを反クォークに, 反クォークをクォークに, 入れ替えると π^- になるので, π^- は π^+ の反粒子であることがわかる. 中性（電荷がゼロ）のパイ中間子は

$$|\pi^0\rangle = |(\bar{u}u - \bar{d}d)\rangle \qquad (2.35)$$

と書くことができる. ここで, $\bar{u}u$ や $\bar{d}d$ は前と同様にカラーに関して無色の組み合わせになっている. π^0 の反粒子も π^0 である. π^0 以外にも中性の粒子としては

$$|\eta^0\rangle = |(\bar{u}u + \bar{d}d)\rangle \qquad (2.36)$$

が考えられる. この状態は π^0 の状態と直交しているので, 別の状態である. 実験的には, π^+ と π^- の質量は等しく, π^0 はその質量より若干重いがほぼ等しいので, π^+, π^0, π^+ の 3 つは 1 つのグループと考え, パイ中間子 3 重項と呼ぶ. 一方, η^0 はパイ中間子よりも質量がかなり重いので, 別の種類の粒子と考えられていて, 擬スカラー中間子 1 重項と呼ばれる. スピンがゼロの粒子はスカラーと言うが, 空間反転（パリティ変換）に関して符号を変える場合は, 擬スカラーと呼ばれている.

クォークのスピンまで含めて 4 つの擬スカラー粒子の状態を書くと,

$$|\pi^+\rangle = |\bar{d}_\uparrow u_\downarrow - \bar{d}_\downarrow u_\uparrow\rangle \qquad (2.37)$$

$$|\pi^0\rangle = |(\bar{u}_\uparrow u_\downarrow - \bar{d}_\uparrow d_\downarrow) - (\bar{u}_\downarrow u_\uparrow - \bar{d}_\downarrow d_\uparrow)\rangle \qquad (2.38)$$

$$|\pi^-\rangle = |\bar{u}_\uparrow d_\downarrow - \bar{u}_\downarrow d_\uparrow\rangle \qquad (2.39)$$

$$|\eta^0\rangle = |(\bar{u}_\uparrow u_\downarrow + \bar{d}_\uparrow d_\downarrow) - (\bar{u}_\downarrow u_\uparrow + \bar{d}_\downarrow d_\uparrow)\rangle \qquad (2.40)$$

となる.

中間子には，スピンがゼロのものだけでなく，スピンが1のベクトル中間子と呼ばれるものも存在する．電荷が+1のベクトル中間子はρ^+と呼ばれ，その状態は以下で与えられる．

$$|\rho^+, +1\rangle = |(\bar{d}u)_{\uparrow\uparrow}\rangle \tag{2.41}$$

$$|\rho^+, 0\rangle = |(\bar{d}u)_{\uparrow\downarrow} + (\bar{d}u)_{\downarrow\uparrow}\rangle \tag{2.42}$$

$$|\rho^+, -1\rangle = |(\bar{d}u)_{\downarrow\downarrow}\rangle \tag{2.43}$$

ここでは，簡単のために$(\bar{d}u)_{\uparrow\downarrow} \equiv \bar{d}_\uparrow u_\downarrow$などの省略した記号法を使った．また，$+1, 0, -1$などの数字はスピンの$z$成分の値$S_z$である．$\rho^+$と同様に，

$$|\rho^-, +1\rangle = |(\bar{u}d)_{\uparrow\uparrow}\rangle \tag{2.44}$$

$$|\rho^-, 0\rangle = |(\bar{u}d)_{\uparrow\downarrow} + (\bar{u}d)_{\downarrow\uparrow}\rangle \tag{2.45}$$

$$|\rho^-, -1\rangle = |(\bar{u}d)_{\downarrow\downarrow}\rangle \tag{2.46}$$

$$|\rho^0, +1\rangle = |(\bar{u}u - \bar{d}d)_{\uparrow\uparrow}\rangle \tag{2.47}$$

$$|\rho^0, 0\rangle = |(\bar{u}u - \bar{d}d)_{\uparrow\downarrow} + (\bar{u}u - \bar{d}d)_{\downarrow\uparrow}\rangle \tag{2.48}$$

$$|\rho^0, -1\rangle = |(\bar{u}u - \bar{d}d)_{\downarrow\downarrow}\rangle \tag{2.49}$$

とベクトル中間子の3重項の残りの2つが与えられる．1重項である中性のベクトル中間子はω中間子と呼ばれ，その状態は

$$|\omega^0, +1\rangle = |(\bar{u}u + \bar{d}d)_{\uparrow\uparrow}\rangle \tag{2.50}$$

$$|\omega^0, 0\rangle = |(\bar{u}u + \bar{d}d)_{\uparrow\downarrow} + (\bar{u}u + \bar{d}d)_{\downarrow\uparrow}\rangle \tag{2.51}$$

$$|\omega^0, -1\rangle = |(\bar{u}u + \bar{d}d)_{\downarrow\downarrow}\rangle \tag{2.52}$$

である．

2.6 ストレンジクォークとハドロン

これまでは，陽子や中性子，それにΔ粒子やパイ中間子など，アップクォークとダウンクォークとでできているハドロンを考えてきたが，前にも少し触れ

たように，それ以外にも多数のハドロンが見つかり，そのなかにはアップクォークとダウンクォーク以外のクォークを含んだものがあった．特に，ストレンジクォークは，アップクォークやダウンクォークに比べてその質量は若干重いが，それでも当時の加速器で作り出すことが可能であったため，ストレンジクォークを含んだ多くのハドロンが見つかった．ここでは，ストレンジクォークを含んだハドロンに関して説明しよう．

ストレンジクォークは，電荷が $-1/3$ であるので，ダウンクォークの仲間である．まず，陽子や中性子の仲間であるスピンが $1/2$ であるバリオンを考える．アップとダウンだけだと，陽子と中性子の 2 つしか作れなかったが，ストレンジを加えるとそのようなバリオンは 8 個作ることができる．まず，ストレンジを 1 つ含む粒子としては，uus, uds, dds の 3 種類の組み合わせがありそうだが，uds に関しては $(ud+du)s$ と ud の入れ替えに関して対称なものと，$(ud-du)s$ と入れ替えに対して反対称なものの 2 種類があるので，全部で 4 種類ある．ud の入れ替えに関して対称なものはシグマ粒子と呼ばれ，$\Sigma^+ = uus$, $\Sigma^0 = (ud+du)s$, $\Sigma^- = dds$ の 3 種類があり，入れ替えで反対称なものは $\Lambda^0 = (ud-du)s$ の 1 種類だけでラムダ粒子と呼ばれる．これらの粒子でスピン 1/2 の状態を作る場合，少し注意が必要である．まず，$\Sigma^\pm$ を考えよう．カラー自由度とフェルミオンの反対称性を考えると，クォークの入れ替えに対しては対称になっているので，

$$|\Sigma^+, \uparrow\rangle = \frac{1}{\sqrt{2}}|(us-su)_{\uparrow\downarrow}u_\uparrow\rangle \tag{2.53}$$

$$|\Sigma^+, \downarrow\rangle = \frac{1}{\sqrt{2}}|(us-su)_{\uparrow\downarrow}u_\downarrow\rangle \tag{2.54}$$

$$|\Sigma^-, \uparrow\rangle = \frac{1}{\sqrt{2}}|(ds-sd)_{\uparrow\downarrow}d_\uparrow\rangle \tag{2.55}$$

$$|\Sigma^-, \downarrow\rangle = \frac{1}{\sqrt{2}}|(ds-sd)_{\uparrow\downarrow}d_\downarrow\rangle \tag{2.56}$$

と書ける．ここでは，$q_1 q_2 q_3 = \sum_{abc} \epsilon^{abc} q_1^a q_2^b q_3^c / \sqrt{6}$ とカラーに関する和が省略されていることに注意してほしい．中性の Σ^0 は少し複雑で，

$$\begin{aligned}|\Sigma^0, \uparrow\rangle &\sim |(us-su)_{\uparrow\downarrow}d_\uparrow + (ds-sd)_{\uparrow\downarrow}u_\uparrow\rangle \\ &= \frac{1}{\sqrt{6}}|2u_\uparrow d_\uparrow s_\downarrow - (ud+du)_{\uparrow\downarrow}s_\uparrow\rangle \\ |\Sigma^0, \downarrow\rangle &\sim |(us-su)_{\uparrow\downarrow}d_\downarrow + (ds-sd)_{\uparrow\downarrow}u_\downarrow\rangle\end{aligned} \tag{2.57}$$

$$= \frac{1}{\sqrt{6}} |(ud+du)_{\uparrow\downarrow}s_\downarrow - 2u_\downarrow d_\downarrow s_\uparrow\rangle \tag{2.58}$$

となる．Σ^0 は ud の入れ替えに対して対称なので，スピン 1/2 にするために必要な反対称な部分は us で作り，そこに ud の入れ替えを加えたものが Σ^0 の 1 行めである．それをばらして同じものを集めたのが 2 行めで，その係数はベクトルの大きさが 1 になるように決めている．もう 1 つの中性粒子である Λ^0 は ud の入れ替えで反対称なので

$$|\Lambda^0,\uparrow\rangle = \frac{1}{\sqrt{2}}|(ud-du)_{\uparrow\downarrow}s_\uparrow\rangle \tag{2.59}$$

$$|\Lambda^0,\downarrow\rangle = \frac{1}{\sqrt{2}}|(ud-du)_{\uparrow\downarrow}s_\downarrow\rangle \tag{2.60}$$

と簡単に書ける．ただし，文献によっては Σ^0 や Λ^0 は違う書き方をするものもあるのでその点は注意してほしい．

次にストレンジを 2 つ含む粒子を考える．この粒子は Ξ と呼ばれ，$\Xi^0 = ssu$ と $\Xi^- = ssd$ の 2 種類がある．この場合にスピン 1/2 を作るのは比較的簡単で，

$$|\Xi^0,\uparrow\rangle = \frac{1}{\sqrt{2}}|(us-su)_{\uparrow\downarrow}s_\uparrow\rangle \tag{2.61}$$

$$|\Xi^0,\downarrow\rangle = \frac{1}{\sqrt{2}}|(us-su)_{\uparrow\downarrow}s_\downarrow\rangle \tag{2.62}$$

$$|\Xi^-,\uparrow\rangle = \frac{1}{\sqrt{2}}|(ds-sd)_{\uparrow\downarrow}s_\uparrow\rangle \tag{2.63}$$

$$|\Xi^-,\downarrow\rangle = \frac{1}{\sqrt{2}}|(ds-sd)_{\uparrow\downarrow}s_\downarrow\rangle \tag{2.64}$$

となる．ストレンジを 3 つ含む sss のような粒子はスピン 1/2 の場合には存在しない．これは，uuu という粒子がスピン 1/2 では作れなかったのと同じ理由なので，各自，考えて頂きたい．

結局，陽子，中性子を含めると，$p, n, \Sigma^+, \Sigma^-, \Sigma^0, \Lambda^0, \Xi^0, \Xi^-$ の 8 種類あることがわかる．この 8 種類をバリオン 8 重項 (Octet) と呼ぶ．

次に，Δ 粒子の仲間でスピン 3/2 の粒子でストレンジを含むものを考えよう．Σ や Ξ と同じ種類のクォークを含むものは同じ記号を使い，その上に $*$ を付けて区別する．最初に，Σ^* を考えよう．この場合は，Σ と同様に，$(\Sigma^*)^+ = uus$，$(\Sigma^*)^0 = (ud+du)s$，$(\Sigma^*)^- = dds$ の 3 種類がある．スピン 3/2 なので，$(\Sigma^*)^+$

の状態は

$$|(\Sigma^*)^+, \frac{3}{2}\rangle = |u_\uparrow u_\uparrow s_\uparrow\rangle \tag{2.65}$$

$$|(\Sigma^*)^+, \frac{1}{2}\rangle = \frac{1}{\sqrt{5}}|u_\uparrow u_\uparrow s_\downarrow + 2u_\uparrow u_\downarrow s_\uparrow\rangle \tag{2.66}$$

$$|(\Sigma^*)^+, -\frac{1}{2}\rangle = \frac{1}{\sqrt{5}}|2u_\uparrow u_\downarrow s_\downarrow + u_\downarrow u_\downarrow s_\uparrow\rangle \tag{2.67}$$

$$|(\Sigma^*)^+, -\frac{3}{2}\rangle = |u_\downarrow u_\downarrow s_\downarrow\rangle \tag{2.68}$$

となる. u と d を替えれば, $(\Sigma^*)^-$ も同様に

$$|(\Sigma^*)^-, \frac{3}{2}\rangle = |d_\uparrow d_\uparrow s_\uparrow\rangle \tag{2.69}$$

$$|(\Sigma^*)^-, \frac{1}{2}\rangle = \frac{1}{\sqrt{5}}|d_\uparrow d_\uparrow s_\downarrow + 2d_\uparrow d_\downarrow s_\uparrow\rangle \tag{2.70}$$

$$|(\Sigma^*)^-, -\frac{1}{2}\rangle = \frac{1}{\sqrt{5}}|2d_\uparrow d_\downarrow s_\downarrow + d_\downarrow d_\downarrow s_\uparrow\rangle \tag{2.71}$$

$$|(\Sigma^*)^-, -\frac{3}{2}\rangle = |d_\downarrow d_\downarrow s_\downarrow\rangle \tag{2.72}$$

となる. $(\Sigma^*)^0$ は,

$$|(\Sigma^*)^0, \frac{3}{2}\rangle = |u_\uparrow d_\uparrow s_\uparrow\rangle \tag{2.73}$$

$$|(\Sigma^*)^0, \frac{1}{2}\rangle = \frac{1}{\sqrt{3}}|u_\uparrow d_\uparrow s_\downarrow + u_\uparrow d_\downarrow s_\uparrow + u_\downarrow d_\uparrow s_\uparrow\rangle \tag{2.74}$$

$$|(\Sigma^*)^0, -\frac{1}{2}\rangle = \frac{1}{\sqrt{3}}|u_\downarrow d_\downarrow s_\uparrow + u_\downarrow d_\uparrow s_\downarrow + u_\uparrow d_\downarrow s_\downarrow\rangle \tag{2.75}$$

$$|(\Sigma^*)^0, -\frac{3}{2}\rangle = |u_\downarrow d_\downarrow s_\downarrow\rangle \tag{2.76}$$

となるが, Λ^0 に対応するものはスピン 3/2 では作れない.

ストレンジ 2 つを含む場合は, $(\Xi^*)^0 = ssu$, $(\Xi^*)^- = ssd$ であり, 状態は

$$|(\Xi^*)^0, \frac{3}{2}\rangle = |s_\uparrow s_\uparrow u_\uparrow\rangle \tag{2.77}$$

$$|(\Xi^*)^0, \frac{1}{2}\rangle = \frac{1}{\sqrt{5}}|s_\uparrow s_\uparrow u_\downarrow + 2s_\uparrow s_\downarrow u_\uparrow\rangle \tag{2.78}$$

$$|(\Xi^*)^0, -\frac{1}{2}\rangle = \frac{1}{\sqrt{5}}|2s_\uparrow s_\downarrow u_\downarrow + s_\downarrow s_\downarrow u_\uparrow\rangle \tag{2.79}$$

$$|(\Xi^*)^0, -\frac{3}{2}\rangle = |s_\downarrow s_\downarrow u_\downarrow\rangle \tag{2.80}$$

$$|(\Xi^*)^-, \frac{3}{2}\rangle = |s_\uparrow s_\uparrow d_\uparrow\rangle \quad (2.81)$$

$$|(\Xi^*)^-, \frac{1}{2}\rangle = \frac{1}{\sqrt{5}}|s_\uparrow s_\uparrow d_\downarrow + 2s_\uparrow s_\downarrow d_\uparrow\rangle \quad (2.82)$$

$$|(\Xi^*)^-, -\frac{1}{2}\rangle = \frac{1}{\sqrt{5}}|2s_\uparrow s_\downarrow d_\downarrow + s_\downarrow s_\downarrow d_\uparrow\rangle \quad (2.83)$$

$$|(\Xi^*)^-, -\frac{3}{2}\rangle = |s_\downarrow s_\downarrow d_\downarrow\rangle \quad (2.84)$$

となる．

スピン 3/2 の粒子にはストレンジを 3 つ含む $\Omega^- = sss$ が存在する．その状態は

$$|\Omega^-, \frac{3}{2}\rangle = |s_\uparrow s_\uparrow s_\uparrow\rangle \quad (2.85)$$

$$|\Omega^-, \frac{1}{2}\rangle = |s_\uparrow s_\uparrow s_\downarrow\rangle \quad (2.86)$$

$$|\Omega^-, -\frac{1}{2}\rangle = |s_\uparrow s_\downarrow s_\downarrow\rangle \quad (2.87)$$

$$|\Omega^-, -\frac{3}{2}\rangle = |s_\downarrow s_\downarrow s_\downarrow\rangle \quad (2.88)$$

で与えられる．

スピン 3/2 のバリオンには，上に挙げた粒子に $\Delta^{++}, \Delta^+, \Delta^0, \Delta^-$ の 4 つを加えて，全部で 10 種類あるので，バリオン 10 重項 (Decuplet) と呼ばれている．

さて，次に，中間子を考えよう．パイ中間子の仲間であるスピン 0 のものには，K 中間子と呼ばれるものが，$K^+ = \bar{s}u$，$K^- = \bar{u}s$，$K^0 = \bar{s}d$，$\overline{K}^0 = \bar{d}s$ の 4 種類ある．これに加えて，$\eta = \bar{u}u + \bar{d}d - 2\bar{s}s$ と $\eta' = \bar{u}u + \bar{d}d + \bar{s}s$ の 2 種類がある．u, d だけのときは $\eta = \bar{u}u + \bar{d}d$ を 1 重項と呼んでいたが，u, d, s を考えると η の構成も変わり，また η' が 1 重項となる．これらの粒子に $\pi^{\pm,0}$ の 3 種類を加えると全部で 9 種類あるが，η' だけが擬スカラー中間子の 1 重項 (singlet)，それ以外の 8 種類は擬スカラー中間子の 8 重項 (octet) と呼ばれる．その状態はパイ中間子と同様に書けるので，ここではその具体形は省略する．

次に，ρ 中間子の仲間であるスピン 1 のベクター中間子を考える．このとき，K 中間子に対応するものは $(K^*)^+ = \bar{s}u$，$(K^*)^- = \bar{u}s$，$(K^*)^0 = \bar{s}d$，$(\overline{K^*})^0 = \bar{d}s$ の 4 種類がある．η, η' に対応するものは ω と ϕ があるが，擬スカラーの場合と違って，この 2 つは $\bar{u}u + \bar{d}d - 2\bar{s}s$ と $\bar{u}u + \bar{d}d + \bar{s}s$ の線形結合となっている．したがって，η, η' のようには 8 重項と 1 重項とにきれいには分かれない．ベク

ター中間子も擬スカラー中間子と同様に 8 重項と 1 重項と呼ばれる 2 種類があるが，この ω と ϕ の問題があるので，擬スカラーのようには明確には区別されない．

擬スカラーとベクターの状態の違いは，すでに π と ρ の状態の違いでわかると思うが，念のために，K^+ と $(K^*)^+$ の状態を以下に書いておく．

$$|K^+, 0\rangle = \frac{1}{\sqrt{2}}|\bar{s}_\uparrow u_\downarrow - \bar{s}_\downarrow u_\uparrow\rangle \tag{2.89}$$

$$|(K^*)^+, +1\rangle = |\bar{s}_\uparrow u_\uparrow\rangle \tag{2.90}$$

$$|(K^*)^+, 0\rangle = \frac{1}{\sqrt{2}}|\bar{s}_\uparrow u_\downarrow + \bar{s}_\downarrow u_\uparrow\rangle \tag{2.91}$$

$$|(K^*)^+, -1\rangle = |\bar{s}_\downarrow u_\downarrow\rangle \tag{2.92}$$

2.7 この章のまとめと問題の解答

この章のまとめとして，アップ，ダウン，ストレンジの 3 種類のクォークからできるハドロンの基底状態を表 2.1 に載せる．ハドロンは複数のクォークから構成されている束縛状態なので，同じクォークからできていてもいろいろな状態が存在する．これは，陽子と電子の束縛状態である水素原子にいろいろなエネルギー準位があることに相当する．基底状態はたくさんの状態のなかでその質量（エネルギー）が最低の状態を指す．

最後に，2.3 節で出した問題の解説をしよう．そこで出した問題は，アップクォーク 3 つで，スピン 1/2 のバリオンが作れないことを示せ，というものであった．スピンが 1/2 なので，その z 成分 S_z の最大値も 1/2 である．$S_z = 1/2$ の状態は $u_\uparrow$ が 2 つ，$u_\downarrow$ が 1 つでできている．スピン 3/2 の Δ^{++} 粒子の $S_z = 1/2$ 状態は $u^a u^b = -u^b u^a$ と反可換であることを使うと，

$$\begin{aligned}|\Delta^{++}, 1/2\rangle &\propto \sum_{abc=\{RGB\}} \varepsilon^{abc} u_\uparrow^a u_\downarrow^b u_\uparrow^c = \frac{1}{2}\sum_{abc=\{RGB\}}\varepsilon^{abc}\{u_\uparrow^a u_\downarrow^b - u_\downarrow^b u_\uparrow^a\}u_\uparrow^c \\ &= \frac{1}{2}\sum_{abc=\{RGB\}}\varepsilon^{abc}\{u_\uparrow^a u_\downarrow^b + u_\downarrow^a u_\uparrow^b\}u_\uparrow^c\end{aligned} \tag{2.93}$$

となる．最後の等式変形では，a, b の名前の付け方を変えて $\varepsilon^{bac} = -\varepsilon^{abc}$ であることを使った．スピン 1/2 の状態はこの状態と直交するはずなので，

表 2.1 アップ，ダウン，ストレンジクォークを含むハドロンの基底状態（η^0, η_s は η, η' の組み合わせで書ける）．

クォーク	擬スカラー中間子	ベクトル中間子
$\bar{u}u - \bar{d}d$	π^0	ρ^0
$\bar{d}u, \bar{u}d$	$\pi^\pm$	$\rho^\pm$
$\bar{u}u + \bar{d}d$	η^0	ω^0
$\bar{s}d, \bar{d}s$	$K^0, \bar{K}^0$	$(K^*)^0, (\bar{K}^*)^0$
$\bar{s}u, \bar{u}s$	$K^\pm$	$(K^*)^\pm$
$\bar{s}s$	η_s	ϕ

クォーク	バリオン 8 重項	バリオン 10 重項
uuu		Δ^{++}
uud	p	Δ^+
udd	n	Δ^0
ddd		Δ^-
uus	Σ^+	$(\Sigma^*)^+$
uds	Σ^0, Λ^0	$(\Sigma^*)^0$
dds	Σ^-	$(\Sigma^*)^-$
uss	Ξ^0	$(\Xi^*)^0$
dss	Ξ^-	$(\Xi^*)^-$
sss		Ω^-

$$\sum_{abc=\{RGB\}} \varepsilon^{abc}\{u_\uparrow^a u_\downarrow^b - u_\downarrow^a u_\uparrow^b\} u_\uparrow^c \tag{2.94}$$

と書けるはずであるが，式 (2.93) を導いた変形を逆に使うと

$$\sum_{abc=\{RGB\}} \varepsilon^{abc}\{u_\uparrow^a u_\downarrow^b - u_\downarrow^a u_\uparrow^b\} u_\uparrow^c = \sum_{abc=\{RGB\}} \varepsilon^{abc}\{u_\uparrow^a u_\downarrow^b + u_\downarrow^b u_\uparrow^a\} u_\uparrow^c$$
$$= \sum_{abc=\{RGB\}} \varepsilon^{abc}\{u_\uparrow^a u_\downarrow^b - u_\uparrow^a u_\downarrow^b\} u_\uparrow^c = 0 \tag{2.95}$$

となるので，そのような状態が存在しないことがわかる．

第3章 量子色力学(QCD)

この章では，クォークがどのような法則に従っているか，つまりクォークの運動法則を紹介し，その特徴を述べる．

3.1 電磁相互作用と QED

クォークの相互作用を説明する前に，まずクーロン力などでよく知られている電磁的相互作用を素粒子の世界で考えていくことにする．

電荷を持つ粒子はクーロン相互作用をする．例えば，負の単位電荷を持つ電子は他の電子から反発力（斥力）を受けるが，正の電荷を持つ陽子からは引力を受ける．この相互作用をミクロ（素粒子的）に見ると以下のようになる．電荷を持つ粒子は仮想的な光（光子）を放出し，電荷を持つ他の粒子がそれを吸収すると両者の間に力が働くことになる．電荷の符号が同じなら斥力，逆符号だと引力になる．このように，クーロン力に代表される電磁気力は，仮想的な光子を媒介粒子として力を伝達すると考えられている．ここで，仮想的というのは，光子の運動量 $\vec{p}$ とエネルギー E が相対論的な関係式 $E^2 = \vec{p}^2 + m^2$ を満たさないことを意味している．ここで，m は粒子の質量であるが，光子の質量はゼロなので，そのエネルギーを ω と書くとすると，関係式は $\omega = |\vec{p}|$ となる．

電子と電子の散乱は，図 3.1 のように仮想的な光子の交換によって記述される．このような図はファインマン図と呼ばれ，物理的な過程を直感的に理解するのに役立つ．この過程で，光子のエネルギーや運動量がどうなるかを考えよう．ここで計算が出てくるが，少し我慢してほしい．電子 1 の散乱前のエネルギーと運動量を $E(\vec{p}), \vec{p}$ とする．ここで，$E(\vec{p}) = \sqrt{\vec{p}^2 + m_e^2}$ は相対論的な関係式で，m_e が電子の質量である．重心系を考えると全体の運動量がゼロになるの

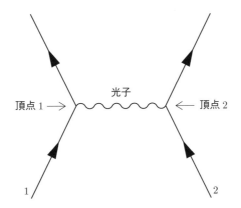

図 3.1 電子・電子散乱を記述するファインマン図．矢印付きの実線が電子を表し，その間を飛ぶのが仮想的な光子であり，電磁相互作用を媒介する粒子である．下から上に向かって時間が流れている．

で，電子 2 のエネルギーと運動量は，$E(\vec{p}), -\vec{p}$ となる．衝突後でも 2 つの電子は重心系にいるので，電子 1 のエネルギーと運動量を，$E(\vec{q}), \vec{q}$ とすると，電子 2 は $E(\vec{q}), -\vec{q}$ となる．散乱の前後でのエネルギー保存を考えると $2E(\vec{p}) = 2E(\vec{q})$ が必要であり，このことから $|\vec{p}| = |\vec{q}|$ がわかる．ここまでは散乱の前後での系全体のエネルギー保存と運動量保存から言える一般的なことである．さて，電子が光子を放出するところでも，エネルギーと運動量は保存するので，電子 1 から放出される光子のエネルギーを ω，運動量を k とすると，図 3.1 の頂点 1 では

$$E(\vec{p}) = E(\vec{q}) + \omega, \quad \vec{p} = \vec{k} + \vec{q} \tag{3.1}$$

が成り立つ．これから

$$\omega = 0, \quad \vec{k} = \vec{p} - \vec{q} \tag{3.2}$$

と光子のエネルギーと運動量が求まる．光子のエネルギーと運動量は $\omega \neq |\vec{k}|$ なので，この光子は仮想光子であることがわかる．また，ここで得られた仮想光子のエネルギーや運動量は頂点 2 でのエネルギーや運動量の保存則を自動的に満たしていることを各自チェックして頂きたい．

条件 $\omega = |\vec{p}|$ が満たされると，仮想的な光子は実存の光子となる．実在の光子は，電磁波（光）を量子力学的考えたときに現れる粒子であり，例えば，光が電子を弾き飛ばすという現象（コンプトン散乱と呼ばれる）も実験で確認されて

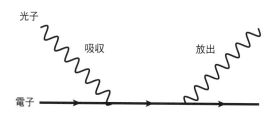

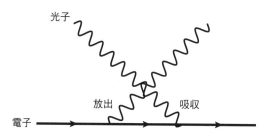

図 3.2　電子・光子散乱（コンプトン散乱）を記述するファインマン図．矢印付きの実線が電子を表し，波線が光子である．時間は左から右に流れている．上は先に電子が光子を吸収し，その後で光子を放出している．下の図はその逆で，光子の放出の後で吸収が起こっている．

いる．このように電磁気をミクロな現象に適用できるように量子力学的に定式化した理論を量子電磁力学（Quatntum Electro Dynamics，略して QED）という．コンプトン散乱に対応するファインマン図は図 3.2 上のようになる．この図を見ると，まず，電子が光子を吸収し，しばらくしてから光子を放出することで，散乱が起こっていることがわかる．ここでもエネルギーと運動量の保存を考えよう．散乱前の光子と電子のエネルギーと運動量を $(|\vec{k}_A|, \vec{k}_A), (E(\vec{p}_A), \vec{p}_A)$ とし，散乱後のものを $(|\vec{k}_B|, \vec{k}_B), (E(\vec{p}_B), \vec{p}_B)$ とする．光子を吸収した電子のエネルギーと運動量を $(q_0, \vec{q})$ とすると，吸収した点での保存則から，

$$|\vec{k}_A| + E(\vec{p}_A) = q_0, \quad \vec{k}_A + \vec{p}_A = \vec{q} \tag{3.3}$$

となり，光子を放出した点での保存則から，

$$q_0 = |\vec{k}_B| + E(\vec{p}_B), \quad \vec{q} = \vec{k}_B + \vec{p}_B \tag{3.4}$$

となるので，両方の結果を組み合わせると，

$$|\vec{k}_A| + E(\vec{p}_A) = |\vec{k}_B| + E(\vec{p}_B), \quad \vec{k}_A + \vec{p}_A = \vec{k}_B + \vec{p}_B \tag{3.5}$$

と散乱の前後でエネルギー・運動量の保存が成り立つ．しかしながら，

$$\begin{aligned}q_0^2 - E(\vec{q})^2 &= \{|\vec{k}_A| + E(\vec{p}_A)\}^2 - (\vec{k}_A + \vec{p}_A)^2 - m_e^2 \\ &= 2|\vec{k}_A|\sqrt{\vec{p}_A^2 + m_e^2} - 2\vec{k}_A \cdot \vec{p}_A > 0\end{aligned} \tag{3.6}$$

となり，光子を吸収した後で光子を放出前の電子は，相対論的なエネルギーと運動量の関係式 $q_0 = E(\vec{q})$ を満たさないので，「仮想的な」電子である．

　コンプトン散乱には，図 3.2 下のファインマン図で記述される過程も存在する．これは電子が散乱前の光子を吸収する前に散乱後の光子の放出が起こり，その後で散乱前の光子を吸収することに対応している．これは一見奇妙に思えるが，QED が正しいとするとこのような過程も起こらなければならない．実際に，コンプトン散乱の実験結果は，この 2 つの過程の寄与を足し合わせないと説明されないので，図 3.2 下のような「散乱」も必要である．

　QED はもっとも成功した理論の 1 つであり，理論計算による予言と実験の結果が非常な高精度で一致している．例えば，電荷を持った電子はスピンを持ち回転しているため，磁気能率を持っている．電子が従う運動方程式であるディラック方程式によると電子の磁気能率はある単位の 2 倍になることが予言されるが，そこに QED による補正を加えると 2 倍ではなく g 倍になる．g の 2 からのずれ $a_e = (g-2)/2$ を異常磁気能率と呼ぶ．ここで，添字の e は電子 (electron) を意味する．電子の異常磁気能率の実験値は

$$a_e^{\text{exp}} = 0.00115965218073(28) \tag{3.7}$$

であるが，QED の電荷 e の 10 次までの摂動計算の結果は

$$a_e^{\text{theory}} = 0.00115965218178(77) \tag{3.8}$$

となり，非常な高精度で一致している．

　QED は，量子力学と電磁気学を融合したものであり，場の量子論と呼ばれる理論の 1 つである．QED では，電子などの電荷を持った粒子（荷電粒子）は光子を放出／吸収することができるので，荷電粒子同士の散乱や，荷電粒子と光

子の散乱（コンプトン散乱）などが起こる．それ以外にも粒子が増えたり，消えたりすることも可能になる．電子の反粒子として正の電荷を持った陽電子があるが，電子と陽電子が出会うと消滅して光子になる．これを電子・陽電子の対消滅と呼ぶ．逆に光子から電子と陽電子が生成されることもある．これを対生成と呼ぶ．対消滅のファインマン図は図 3.3 左であり，対生成は図 3.3 右である．エネルギー・運動量の保存を考えると，図 3.3 左や右に現れる電子，陽電子，光子のうち，少なくともどれか 1 つは仮想的にものにならざるを得ないので，このような過程は物理的には起こり得ない．しかし，例えば，図 3.4 のように，電子と陽電子が対消滅して 2 つの光子になることは可能である（この図を

図 3.3 電子・陽電子の対消滅（左）と対生成（右）を記述するファインマン図．時間は左から右に流れる．矢印が時間の流れる方向と一致している実線が電子を表し，矢印が時間の向きと逆の実線は陽電子（電子の反粒子）である．波線が光子なので，対消滅では電子・陽電子が光子に転化し，対生成はその逆．

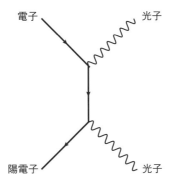

図 3.4 電子・陽電子が対消滅して 2 つの光子が生成する過程を記述するファインマン図．時間は左から右に流れる．対消滅する電子・陽電子および生成する 2 つの光子はすべて実存の粒子であり，相対論的なエネルギーと運動量の関係式を満たす．

左に90°回すと，コンプトン散乱の図3.2上になることに注意してほしい）．読者は，電子，陽電子と2つの光子をすべて実在の粒子だとしてもエネルギー・運動量の保存が成り立つことを各自でチェックして頂きたい．

電子・陽電子散乱に対応するファインマン図は図3.5左と図3.5右の2つがある．図3.5左は電子・電子散乱と同じように仮想光子を交換することによって起こるが，図3.5右では，電子と陽電子が対消滅して仮想光子になり，その仮想光子が電子と陽電子を対生成させたことになっている．電子・陽電子散乱にはこのような過程も含まれているはずだ，というのがQEDによる予言である．

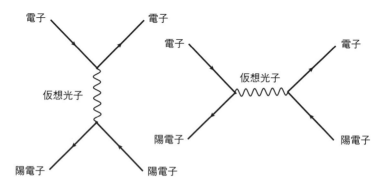

図 3.5　電子・陽電子の散乱を記述する2つのファインマン図．時間は左から右に流れる．左の図は仮想光子の交換による散乱であり，右の図は，電子・陽電子が対消滅し仮想光子になり，それが電子・陽電子を対生成させている．

3.2　カラー自由度とグルーオン

さて，クォークに関して考えよう．前に，クォークは通常の電荷とは別にカラー電荷を持つと述べたが，実はこのカラー電荷がクォークの相互作用に関係するのである．電荷が仮想的な光子を放出／吸収して相互作用をする能力であったのと同様に，カラー電荷はクォークがグルーオンを放出／吸収して他のカラー電荷を持つ粒子と相互作用する能力である（図3.6左を参照）．電荷とカラー電荷との大きな違いの1つは，相互作用の媒介粒子である光子は電荷を持っていないが，グルーオンはカラー電荷を持っていることである．そのため，グルー

オン同士も相互作用することが可能になり，1つのグルーオンが分かれて2つのグルーオンになったり（図 3.6 中），グルーオン同士が衝突したり（図 3.6 右）する「素過程」が存在する．このグルーオン同士の相互作用のために，カラー電荷を持った粒子の運動の性質は，電荷を持った粒子の運動とは大きく異なる．この点については，後で触れることにする．

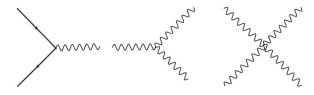

図 3.6 QCD に現れるクォークやグルーオンの相互作用を表すファインマン図．実線がクォーク，波線がグルーオンを表す．

3.3　QCD

　カラー電荷を持つクォークやグルーオンの運動を支配する法則は，量子色力学と呼ばれる．英語では Quantum ChromoDynamics というので，略して QCD と呼ばれることも多い．通常の電荷はプラスとマイナスの 2 種類があるが，前に述べたように，カラー電荷は 3 種類あり，色の三原色を使って，赤 (R)，緑 (G)，青 (B) と呼ぶ．このように呼んでいるからといって，カラー電荷やそれを持っているクォークに色がついているわけでなく，単なる呼び方である．赤緑青の代わりに，123 でも，水火土でも構わない．また，前にも述べたが，反クォークのカラー電荷はクォークのカラー電荷の反対になるので，その補色であるシアン (C)，マゼンタ (M)，黄 (Y) を使うことにする．

　前に導入した記号法では，カラーを含めたクォークは，u^a, d^a などと書かれる．ここで，$a = R, G, B$ である．また，反クォークは，$\bar{u}^{\bar{a}}, \bar{d}^{\bar{a}} (\bar{a} = C, M, Y)$ などと書くのが正確ではあるが，面倒なので，通常は $\bar{u}^a, \bar{d}^a$ などと書く．ここで，$a = R, G, B$ なのだが，実際のカラー電荷は $\bar{a} = C, M, Y$ であることに注意してほしい．

　前に紹介したハドロンであるバリオンやメソンは，カラー電荷に関して，無

色（白色）になっており，例えば，陽子は

$$|p,\uparrow\rangle = \sum_{abc=\{RBG\}} \varepsilon^{abc} | \left(u_\uparrow^a d_\downarrow^b - u_\downarrow^a d_\uparrow^b\right) u_\uparrow^c\rangle, \tag{3.9}$$

$$|p,\downarrow\rangle = \sum_{abc=\{RBG\}} \varepsilon^{abc} | \left(u_\uparrow^a d_\downarrow^b - u_\downarrow^a d_\uparrow^b\right) u_\downarrow^c\rangle \tag{3.10}$$

と書かれるが，ϵ^{abc} のために，3 つのクォークのカラー電荷は必ず異なるので，RGB の組み合わせしか現れず，全体で無色になる．一方，π 中間子は

$$|\pi^+\rangle = \sum_{a=\{RGB\}} |\bar{d}_\uparrow^a u_\downarrow^a - \bar{d}_\downarrow^a u_\uparrow^a\rangle \tag{3.11}$$

$$|\pi^0\rangle = \sum_{a=\{RGB\}} |(\bar{u}_\uparrow^a u_\downarrow^a - \bar{d}_\uparrow^a d_\downarrow^a) - (\bar{u}_\downarrow^a u_\uparrow^a - \bar{d}_\downarrow^a d_\uparrow^a)\rangle \tag{3.12}$$

$$|\pi^-\rangle = \sum_{a=\{RGB\}} |\bar{u}_\uparrow^a d_\downarrow^a - \bar{u}_\downarrow^a d_\uparrow^a\rangle \tag{3.13}$$

とクォークと対応する反クォークの組み合わせになり，必ず補色の関係であるのでやはり無色である．

3.4　漸近的自由性とクォークの閉じ込め

QCD がどのような性質を持つかを説明しよう．

電磁相互作用の場合，場所 $\vec{x}$ にある電荷 e_1 を持つ粒子と場所 $\vec{y}$ にある電荷 e_2 を持つ粒子との間に働くクーロン力は，

$$\vec{F}(\vec{r}) = k\frac{e_1 e_2}{r^2}\frac{\vec{r}}{r}, \qquad \vec{r} = \vec{x} - \vec{y}, \quad r = |\vec{r}|, \tag{3.14}$$

で与えられる．ここで k はある比例定数である．この式から以下のことがわかる．まず，力は，2 つの粒子間の相対座標 $\vec{r} = \vec{x} - \vec{y}$ の方向に働くベクトルである．電荷が同符号 ($e_1 e_2 > 0$) なら，力は $\vec{r}$ を増やす方向に働くので斥力になり，異符号 ($e_1 e_2 < 0$) なら，$\vec{r}$ を減らす方向に働くので引力になる．力の大きさは距離 $r = |\vec{r}|$ の逆 2 乗に比例しているので，近距離では力が強く，遠距離では弱くなる．

さて，カラー電荷を持ったクォークやグルーオンに働く力はどうなっている

のだろうか？残念ながら，例えばクォーク間に働く力は，クーロン力のような簡単な式で書くことはできない．とはいえ，いろいろな実験を通していくつかのことがわかっている．1つめの性質は，近距離ではカラー電荷による相互作用がどんどん小さくなっていくというもので，漸近的自由性と呼ばれている．この呼び方は，近距離に近づいていく（漸近していく）と自由粒子のように振る舞う，ということからきている．ここで，相互作用が小さくなるといったが，力が小さくなるわけではなく，近距離での力を式 (3.14) のように書いたときに，電荷に相当するカラー電荷の大きさが近距離でどんどん小さくなっていくことを意味している．このように，QCDでは，その相互作用の強さを表す結合定数（QEDでは電荷に相当）は，「定数」ではなく，距離（エネルギーと言い換えてもよいが）によって変化する．漸近的自由性は，この距離に依存する「結合定数」が近距離でどんどん小さくなることに相当する．漸近的自由性は，陽子に高エネルギーの電子を当てて破壊させる実験（深部非弾性散乱）により発見された．実験の結果を解析すると，陽子のなかにパートンと呼ばれる点粒子的なものが存在し，それがほぼ自由粒子のように振る舞っていることがわかったのである．パートンはクォークと考えられるので，このことから近距離（あるいは，高エネルギー）でのクォークの結合定数が小さいことが推論された．この実験は，クォークの存在の間接的な証拠を与えただけでなく，その相互作用の性質も引き出したということで，重要なものであった．

逆に，カラー電荷を持った粒子の間の距離が大きくなると，その結合定数はどんどん大きくなる．この性質のために，ハドロンから単独のクォークを取り出すことができない．この現象をクォークの閉じ込めと呼ぶ．前に述べたようにクォークは分数の電荷を持つので，もし単独のクォークが存在すれば，実験でそれを見つけることは比較的容易である．しかしながら，実験でそのような分数電荷を持った粒子を探したが，いまだに見つかっていない．加速して高いエネルギーにした陽子同士をぶつけるとバラバラに壊れてクォークが飛び出してくると思われるので，分数電荷のクォークが見つからないのは奇妙なことである．このような実験事実を説明するために考えられたのがクォークの閉じ込めである．クォークの閉じ込めを別の言い方をすると，「自然（実験）では，色（カラー）を持った状態は存在できず，白色の状態であるバリオンやメソンなどのハドロンしか存在することができない」となる．2つのクォークや4つのクォークで白色を作ることはできないので，単独のクォークだけでなく，2つ

のクォークや4つのクォークでできたハドロンも存在しないことを意味する.

漸近的自由性とクォークの閉じ込めという両極端の性質が共存するのは非常に奇妙に思える. これを説明するには，以下のように考えるとよい. 例として，パイ中間子のうち, $\pi^- = (\bar{u}d)$ を考えよう. 漸近的自由性とクォークの閉じ込めを両立させるには，ダウンクォーク d と反アップクォーク $\bar{u}$ が弾力のある紐（弦）で結ばれていると考えるのがよい. クォークと反クォークが近づくと紐はゆるむので力はあまり働かない. これが漸近的自由性である. 逆に，両者が離れようとすると紐が引っ張られて引き延ばされるので，紐が元に戻ろうとする復元力が引力として働く. したがって，両者をある距離以上引き離すことはできない. これがクォークの閉じ込めである.

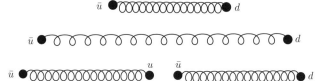

図 3.7 クォークの閉じ込めを説明する模式図. （上）中間子はクォークと反クォークが紐で結ばれていると考える. （中）クォークと反クォークを分離しようと両端を引っ張ると紐がどんどん伸びる. （下）紐が伸びすぎると切れてしまうが，切り口にクォーク反クオークが対生成するので，中間子2つができる.

紐なので，あまり強い力で引っ張ると千切れてしまい，単独のクォークが出てきそうに思える. 「強い力で引っ張る」のは，実験としては大きなエネルギーをつぎ込むことに相当するので，電荷を持った粒子が大きなエネルギーを持つと，大きなエネルギーを持った光子を放出し，その光子からクォーク・反クォークが対生成を起こす. このことは，紐を引っ張ってクォーク・反クォークを引き離そうとすると，紐が2つに切れて，それぞれの断面にクォークと反クォークが生成され，2つのクォークが分離できるのではなく，2つの中間子になってしまうことを意味する. 式で書くと

$$\pi^- = (\bar{u}d) \to (\bar{u}u\bar{u}d) \to (\bar{u}u) + (\bar{u}d) = \pi^0 + \pi^+ \tag{3.15}$$

などとなる. 図 3.7 を参照してほしい. したがって，このような場合も単独のクォークは分離できない.

バリオンの場合は，3 つの紐が 1 つに繋がったものを考えれば，同様に漸近的自由性とクォークの閉じ込めを直感的に理解できる（図 3.8 を参照）.

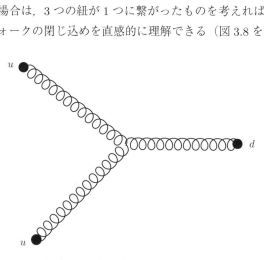

図 **3.8** 3 つのクォーク（例えば uud）が紐で繋がってバリオンになっている様子を表す模式図.

3.5 QCD による漸近的自由性

ここまでで述べた漸近的自由性やクォークの閉じ込めは，実験的に要求される性質であり，QCD から導かれたものではない．そこで，QCD から，これらの性質を導けるかを考えてみたい．

近距離では，相互作用が弱くなるので，自由粒子に相互作用の効果を少しずつ取り入れる摂動展開という方法が有効である．実際，QCD の摂動展開を用いてその結合定数を計算すると，近距離（高エネルギー）では，その結合定数がどんどん小さくなることを，解析的に示すことができる．つまり，QCD は漸近的自由性を持つ．このことを最初に示したのは，Gross-Wilczek-Polizer の 3 人（D. J. Gross and F. Wilczek, Phys. Rev. Lett. **30** (1973) 1343 と H. D. Politzer, Phys. Rev. Lett. **30** (1973) 1346）だが，彼らはその業績で 2004 年にノーベル物理学賞を受賞した．

このことを少し詳しく解説する．QCD や QED のエネルギースケール μ に依存した結合定数を $g(\mu)$ と書くことにする．その μ に関する微分をベータ関

数と呼び，以下で定義する．

$$\beta(g(\mu)) = \mu \frac{d\,g(\mu)}{d\mu}. \tag{3.16}$$

QED の結合定数は，電子と光子の相互作用に現れる電荷の大きさであるが，QCD の場合は，図 3.6 左のクォークとグルーオンと相互作用の強さを表すものが g である．QED の場合は，光子は電荷を持たないので，光子同士は相互作用しないが，グルーオンはカラー電荷を持つので，図 3.6 中や図 3.6 右の相互作用をする．その大きさはそれぞれ g, g^2 となる．したがって，グルーオン同士の散乱や，グルーオンの対生成や対消滅が可能になる．このようにグルーオンが自己相互作用をするということが，QED と QCD の大きな違いである．

結合定数のエネルギー依存性は，仮想的な粒子によるループの効果によって現れるので，QED の場合には，図 3.9 のファインマン図が，QCD の場合はそれに加えて図 3.10 のファインマン図などのループが摂動展開の最低次で寄与する．したがって，ベータ関数を摂動展開で計算すると g^3 から始まる．つまり，

$$\beta(g(\mu)) = \beta_0 g^3(\mu) + \beta_1 g^5(\mu) + \cdots \tag{3.17}$$

である．QED で計算を行うと，$\beta_0 = \dfrac{1}{12\pi^2}$ と正になる．一方，QCD の場合は，

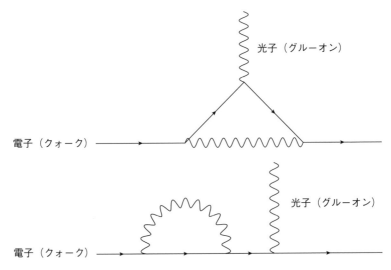

図 **3.9** 電子と光子の結合定数に対する仮想粒子の寄与を表すファインマン図．クォークとグルーオンの結合定数に対しても同様な寄与が存在する．

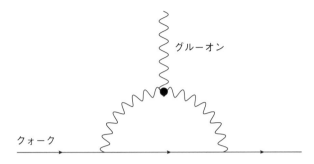

図 3.10 クォークとグルーオンの結合定数に対する仮想粒子の寄与を表す別のファインマン図.

$$\beta_0 = -\frac{1}{16\pi^2}\left[11 - \frac{2}{3}N_f\right] \tag{3.18}$$

で与えられる．ここで，N_f はクォークの種類（フレーバー）の数である．したがって，$N_f < 33/2 = 16.5$ なら，QED とは反対に β_0 は負になる．

　ベータ関数の符号の意味を考えよう．あるエネルギー μ_0 での結合定数がわかったとする．その値を $g_0 > 0$ としよう．つまり，$g_0 = g(\mu_0)$ である．ベータ関数はエネルギーの変化に対する g の変化を表しているので，ベータ関数が正なら，μ_0 を増やす／減らすと g も増える／減るが，逆に，ベータ関数が負なら，μ_0 を増やす／減らすと g は減る／増えることになる．したがって，QCD の場合は，摂動展開の最低次で計算したベータ関数が負なので，エネルギーを大きくすると，結合定数 $g(\mu)$ はどんどん小さくなっていく，つまり，漸近的自由性を示している．結合定数が小さければ g^5 の寄与は小さいので，摂動展開の最低次での計算も信用できる．したがって，QCD は漸近的自由性を持つ，ということが示されたことになる．一方，QED の場合は，QCD とは反対に，エネルギーを上げると結合定数がどんどん大きくなってしまうが，逆にエネルギーを下げれば，結合定数は小さくなる．

　上で予想した性質を，最低次で計算したベータ関数を用いて，具体的に見ていこう．ベータ関数の定義に最低次の結果を入れると，

$$\mu\frac{d\,g(\mu)}{d\,\mu} = \beta_0 g^3(\mu) \tag{3.19}$$

となるので，これを微分方程式と考えてその解を求めてみる．$t = \log(\mu)$，

$y(t) = g^2(\mu)$ とおくと

$$\frac{dy(t)}{dt} = 2\beta_0 y^2(t) \tag{3.20}$$

となるので,

$$\frac{dy}{y^2} = 2\beta_0 dt \tag{3.21}$$

と変形して，それを $t_0 = \log(\mu_0)$ から $t = \log(\mu)$ まで積分すればよい. $y(t_0) = g_0^2$ なので,

$$-\frac{1}{g^2(\mu)} + \frac{1}{g_0^2} = 2\beta_0 \log(\mu/\mu_0) \tag{3.22}$$

となり，エネルギーに依存した結合定数が

$$g^2(\mu) = \frac{g_0^2}{1 - 2\beta_0 g_0^2 \log(\mu/\mu_0)} \tag{3.23}$$

と求まる. 確かに $\beta_0 < 0$ であれば，$g^2(\mu)$ は高エネルギーの極限 $(\mu \to \infty)$ で対数関数の逆数でゼロになる. 一方，$\beta_0 > 0$ なら，高エネルギーで，結合定数はどんどん大きくなり,

$$\mu = \mu_0 \exp\left[\frac{1}{2\beta_0 g_0^2}\right] \tag{3.24}$$

で発散する. この発散する点は，$g(\mu)$ のランダウ極と呼ばれている. しかしながら，この計算は，摂動展開の最低次での計算なので，結合定数が大きくなると高次の項が無視できなくなるため，もはや信用できない. したがって，ランダウ極が本当にあるのかどうかわからない.

QCDの場合，エネルギーを下げる，つまり長距離にいくと，結合定数がどんどん大きくなり，そのことがクォークの閉じ込めを引き起こすと考えられてきた. 実際，β_0 が負なのでエネルギーが

$$\mu = \Lambda \equiv \mu_0 \exp\left[\frac{1}{2\beta_0 g_0^2}\right] < \mu_0 \tag{3.25}$$

となると，$g^2(\mu)$ が発散する. このスケール Λ のことを QCD のラムダパラメタと呼ぶ. もちろん結合定数が大きくなると，高次の項が重要になるので，最低次の計算は信用できなくなる. したがって，残念ながら，QCD の解析的な計算でクォークの閉じ込めを示すことは容易ではない.

次章では，そのような困難を乗り越える方法として提案され，成功を収めてきた格子 QCD を紹介する.

第4章 格子QCD

4.1 摂動展開の限界

　前の章の最後に述べたように，QCDの結合定数は遠距離（低エネルギー）で大きくなるので，QEDの計算で成功を収めた摂動展開は有効ではない．特に，ハドロンなどが存在する典型的なスケールではQCDの結合定数は極めて大きくなる．この場合には，摂動展開が信頼できないだけではなく，摂動展開ではまったく捉えることのできない，非摂動的効果が存在する．例えば，パイ中間子が時空間を伝搬していく様子を計算するには，様々なファインマン図を計算する必要があり，解析的に行うことはほとんど不可能である．図4.1はそのようなファインマン図の典型的なものの1つである．パイ中間子は，クォークと反クォークの束縛状態なので，自由なクォークや反クォークに相互作用の効果を少しずつ取り入れていく摂動展開で記述することはそもそも不可能であり，非摂動効果を取り入れた計算方法が必要になる．

　閉じ込めが議論された当初は，非摂動的効果をシステマティックに取り入れた計算方法は無かった．そもそもQEDやQCDなどの場の量子論は，摂動展

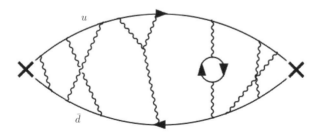

図 4.1　$\pi^+(\bar{d}u)$ 中間子が伝搬する様子を表すファインマン図の一例．実線がクォークを，波線がグルーオンを表す．

開に基づいて理論を定義しているため，その枠組を超えた非摂動的な場の量子論の定義が無かったからである．非摂動的な場の量子論の定式化として Wilson により提案されたのが，格子上の場の理論である．それを QCD に適用したのが格子 QCD であり，この章では，その特徴について解説していく．

4.2　場の量子論

まず，連続時空上の場の量子論を簡単に解説する．

通常の量子力学は 1 つ 2 つと数が数えられる粒子に対するものであり，そこで扱う「自由度」の数は有限である．ところが，電磁気学などは，時空間の各点に電場や磁場などの物理的な自由度が定義されている場の理論であり，その自由度は非可算（1 つ 2 つと数えられない）無限個あり，その無限個の自由度を量子化したものが場の量子論である．このように，場の量子論の難しさはその自由度が非可算無限個あることに起因している．

量子力学では，運動量と座標を交換しない演算子と考えて，そこから導かれるシュレディンガー方程式が基本方程式になる．古典理論の座標と運動量を交換しない演算子と見なすことを「量子化」すると言うが，ここでは，場を量子化するのに適した経路積分による量子化を紹介する．

古典力学では，粒子がある時刻 t_1 に座標 $\mathbf{X}_1$ を出発して，時刻 t_2 で $\mathbf{X}_2$ に到着する経路は一意的に決まっている．量子力学では粒子がすべての経路を通ることが可能であると考えたのがファインマンであり，これが量子力学の別の見方になっている（図 4.2 を参照）．もちろん，各経路の寄与はそれぞれ異なり，すべての経路の寄与を足し合わせたものが，粒子が $\mathbf{X}_1$ から $\mathbf{X}_2$ に移動する振幅（2 乗したものが確率密度）であると考える．式では

$$\langle \boldsymbol{x}(t_2) = \mathbf{X}_2 | \boldsymbol{x}(t_1) = \mathbf{X}_1 \rangle = \sum_{\forall \boldsymbol{x}(t) | \boldsymbol{x}(t_1) = \mathbf{X}_1, \boldsymbol{x}(t_2) = \mathbf{X}_2} e^{iS(\boldsymbol{x})/\hbar}$$
$$\equiv \int_{\mathbf{X}_1}^{\mathbf{X}_2} \mathcal{D}\boldsymbol{x}\, e^{iS(\boldsymbol{x})/\hbar} \quad (4.1)$$

となる．ここで，$\langle \boldsymbol{x}(t_2) = \mathbf{X}_2 | \boldsymbol{x}(t_1) = \mathbf{X}_1 \rangle$ は，量子力学の確率振幅，$S(\boldsymbol{x})$ は，経路 $\boldsymbol{x}(t)$ に対する古典力学の作用で，運動エネルギー $m\boldsymbol{v}(t)^2/2$ とポテンシャルエネルギー $U(\boldsymbol{x}(t))$ を用いて

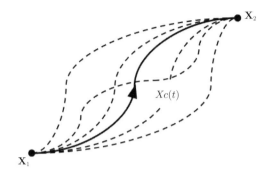

図 4.2 始点 $\mathbf{X}_1$ から終点 $\mathbf{X}_2$ に至る様々な経路. ここで, $\mathbf{X}_c(t)$ は古典力学で実現される経路を表す.

$$S(\boldsymbol{x}) = \int_{t_1}^{t_2} dt \left[m \frac{\boldsymbol{v}(t)^2}{2} - U(\boldsymbol{x}(t)) \right], \quad \boldsymbol{v}(t) = \frac{d\boldsymbol{x}(t)}{dt} \tag{4.2}$$

で与えられる. ただし, m は粒子の質量で, $\boldsymbol{v}(t)$ は速度である.

作用は, 経路 $\boldsymbol{x}(t)$ という t の関数が決まれば, それに対して 1 つの実数 $S(\boldsymbol{x})$ を与えるので, 関数の関数であり, 汎関数と呼ばれるものである. すべての経路について和をとることは, t_1 から t_2 までの各時刻 t で座標 $\boldsymbol{x}(t)$ を積分することに等しいので, $\mathcal{D}\boldsymbol{x}$ は, 形式的には $\prod_{t_1 \leq t \leq t_2} d\boldsymbol{x}(t)$ と (連続無限次元の) 多重積分に書くことができる.

$\hbar \to 0$ という極限 (プランク定数をゼロにする極限なので, 量子力学が古典力学になる極限) では, 積分に効いてくるのは, $S(\boldsymbol{x})$ の値が変化しないところ, すなわち $S(\boldsymbol{x})$ の停留点であり, それ以外は $e^{iS(\boldsymbol{x})/\hbar}$ が激しく振動して打ち消し合うためほとんど寄与しない. 作用 $S(\boldsymbol{x})$ の停留値を与える条件はオイラー・ラグランジュ方程式であり, その解は粒子の古典的な運動経路 $\mathbf{X}_c(t)$ を与えるので, 確かに $\hbar \to 0$ の極限は古典力学になっている. 以下では $\hbar = 1$ とする. 経路の和より量子力学を表現するこの式はファインマンの経路積分と呼ばれ, 座標や経路を演算子として考える量子化と等価である. つまり, 古典理論の作用を経路積分することで量子力学的な効果を正しく取り入れることが可能であり, この方法を経路積分による量子化という.

場の量子論では, 4 次元時空の各点 $(\boldsymbol{x}, t)$ に定義された場 $\varphi(\boldsymbol{x}, t)$ が力学変数であるが, 空間座標 $\boldsymbol{x}$ を場 $\varphi(\boldsymbol{x}, t)$ が持つ (非可算無限な) 自由度をラベルする添字と考えれば, 経路積分による量子化ができる. 場 $\varphi(\boldsymbol{x}, t)$ に対する作用

$S(\varphi)$ は相対論的不変性などの条件により決められるが，QCD などの作用は後ほど具体的に与える．作用 $S(\varphi)$ が与えられたとすると，経路積分は式 (4.1) にならって

$$Z = \int \mathcal{D}\varphi\, e^{iS(\varphi)} \tag{4.3}$$

と書ける．ここで，$\mathcal{D}\varphi$ は，すべての時空点 $(\boldsymbol{x}, t)$ で場を積分することになるので，非可算無限次元の多重積分 $\prod_{\boldsymbol{x},t} d\varphi(\boldsymbol{x}, t)$ を意味する．

場の量子論では，場 φ のいろいろな組み合わせに対して，$e^{iS(\varphi)}$ を重みとした場の期待値を計算する．特に n 点関数と呼ばれる量は

$$\begin{aligned}\langle \varphi(\boldsymbol{x}_1, t_1)\varphi(\boldsymbol{x}_2, t_2)\cdots\varphi(\boldsymbol{x}_n, t_n)\rangle &= \frac{1}{Z} \int \mathcal{D}\varphi\, \varphi(\boldsymbol{x}_1, t_1)\varphi(\boldsymbol{x}_2, t_2)\cdots\varphi(\boldsymbol{x}_n, t_n) \\ &\times e^{iS(\varphi)}\end{aligned} \tag{4.4}$$

と経路積分で書ける．この表式はミンコフスキー時空のものであるが，格子 QCD などでは，時間 t を虚時間 $\tau = it$ に変更したユークリッド時空で考えることが多い．この変換で $e^{iS(\varphi)} \to e^{-S(\varphi)}$ と変換されるので，ミンコフスキー時空で作用が大きく振動するために相殺により寄与が小さくなっていた場 φ の配位は，ユークリッド時空では，その寄与は指数関数的に小さくなり，経路積分の収束性が良くなる．

以上のような準備の下で，格子上の場の理論を考えていこう．

4.3　格子上の場の理論

連続的な時空間を離散的な「格子」（図 4.3）に置き換えることで，その離散的な自由度に対する量子力学を考えるのが，格子上の場の理論である．時空間の大きさ（体積）も有限にすれば，その自由度の数も有限になる．このように，非可算無限自由度の量子力学であった場の理論を有限自由度の量子力学として定義したのが格子上の場の理論であり，連続時空の場の理論は，格子点間の長さ（格子間隔と呼ぶ）をゼロにする「連続極限」をとることで再現される．有限自由度の量子力学なので，原理的には摂動論を使わなくても計算可能になっている．つまり，格子上の場の理論は非摂動的に定義されていると言える．

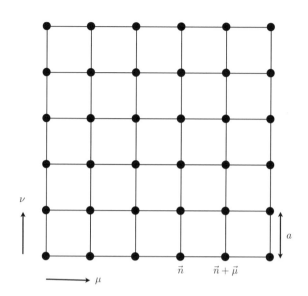

図 4.3 2次元の場合の格子の模式図.格子間隔は a であり,格子点は整数ベクトル $\vec{n}$ で記述される. μ 方向の隣の点は $\vec{n}+\vec{\mu}$ である.

場の量子論で摂動計算を行うと,その自由度が(非可算)無限個あることに起因して,しばしば無限大の発散が現れる.この発散は,エネルギーや運動量が大きなところ,つまり短距離の自由度から生じる.波長が短い光を紫外線,逆に波長が長い光を赤外線ということから,近距離での発散なので紫外発散と呼ばれている.この発散を「摂動展開の範囲で」うまく処理して有限の答えを出すように工夫したのが,日本の朝永振一郎博士らが提唱した繰り込み理論である.

格子上の場の理論の場合,格子間隔がゼロで無い限り,そのような紫外発散は起こらない.なぜなら,格子間隔より小さな距離には物理的な自由度が存在しないからだ. $a \to 0$ の極限では,紫外発散が生じる可能性があるが,うまくパラメタを調整することで,計算した物理量を有限にすることができる.つまり,格子上の場の理論は,理論を非摂動的に定義しているだけでなく,摂動展開の発散を取り除く操作である繰り込みという若干不自然な操作を,連続極限という摂動展開によらない自然な操作に置き換えたことになっている.もう少し踏み込むと,「場の量子論は格子上の場の理論とその連続極限という操作によって初めて定義された」と言うことができる.

さて，連続極限は重要なので，もう少し例を挙げて説明しよう．格子点 $\vec{x} = \vec{n}a$ 上に定義されたある場を $\varphi(\vec{x})$ と書く．ただし，技術的な理由で，格子時空間は，ミンコフスキー空間ではなく，ユークリッド空間を考えることにする．a は格子間隔で，$\vec{n}$ は各成分が整数のベクトルである．量子化された場は，真空から粒子を作ったり消したりすることができる．ある点 $\vec{y}$ で粒子を作り，それが格子時空間を伝搬していき，$\vec{x}$ で消滅する，という過程は，以下のような伝搬関数で記述される．

$$G(\vec{x}, \vec{y}) = \langle 0|\varphi(\vec{x})\varphi(\vec{y})|0\rangle \tag{4.5}$$

ここで，$|0\rangle$ は理論の基底状態（真空）であり，そこに場 $\varphi(\vec{y})$ を作用させると，粒子が点 $\vec{y}$ に生成され，その粒子は，$\varphi(\vec{x})$ により点 $\vec{x}$ で消滅し，真空 $\langle 0|$ に戻る．相互作用がある場合は，φ が真空から生成する粒子は 1 つとは限らない．そのなかで一番軽い粒子の質量を m とすると，$\vec{x}$ と $\vec{y}$ が十分離れていれば，

$$G(\vec{x}, \vec{y}) \sim e^{-m|\vec{x}-\vec{y}|}, \quad |\vec{x} - \vec{y}| \to \infty \tag{4.6}$$

と振る舞うことが知られている（ここでは，簡単のために，質量 m の粒子の運動量がゼロであるとしている．もし，運動量 $\vec{p}$ がゼロで無ければ，m を $E(\vec{p}) = \sqrt{\vec{p}^2 + m^2}$ に変えればよい）．有限自由度の量子力学の計算で $G(\vec{x} - \vec{y})$ が計算できれば，粒子の質量を理論から計算できたことになる．

しかしながら，この計算は格子上での計算であり，実際に求められるのは

$$G(\vec{x}, \vec{y}) \sim e^{-ma|\vec{n}_x - \vec{n}_y|}, \quad |\vec{n}_x - \vec{n}_y| \to \infty \tag{4.7}$$

である．ここでは格子上の点を $\vec{x} = \vec{n}_x a, \vec{y} = \vec{n}_y a$ のように整数ベクトルを使って表した．実際の格子計算では，a の値はわかっていないので，我々が求められるのは，$M \equiv ma$ である（もちろん，$|\vec{n}_x - \vec{n}_y|$ は点を数えればよいのでわかっている）．

次に，$a \to 0$ という連続極限を議論する．これは単に $a \to 0$ とすればよいので簡単だと思われるかも知れないが，実はそうではない．G の計算のところで述べたように，格子計算では a の値を直接知ることはできない．仮に，理論のパラメタとして次元を持たない結合定数 g とクォークのような基本粒子の質量 m_0 を考えよう．この理論で，$G(\vec{x}, \vec{y})$ を計算すれば，M が g と m_0 の関数

になるはずだが，M は次元を持たないので，長さの次元を持つ a を使って，すべて無次元の量で書けるはずである．つまり，$M = M(g, m_0 a)$ となる．もし，$a \to 0$ となったとすると，$M = ma \to 0$ となる必要がある．なぜなら，我々の知りたい次元を持った粒子の質量 m は，$m = M/a$ なので，$M \to 0$ とならないと，$a \to 0$ で発散してしまうからだ．

以上のことから，連続極限をとるには，理論のパラメタ g と $m_0 a$ をうまく変化させて，$M \to 0$ となるところを探し，そこに近づければよい．仮にその点を g_c, $M_{0,c} = m_c a$ とすると，$a \to 0$ は，$g \to g_c$, $m_0 a \to m_c a$ により実現される．問題は，理論にそのような点が存在するかということだが，これを調べるには次のように考えればよい．有限体積の格子上の場の理論は，有限自由度の量子力学であるが，体積をどんどん大きくしていくと多粒子系になり，統計力学系の考えが使える．それによると，粒子の数が無限個ある場合に，温度や磁場などを変化させると，相転移が起こることがある．温度を下げていくとある温度以下で，自発磁化が生じる現象などはその例であり，臨界現象と呼ばれている．相転移の次数が 2 次以上の場合，相転移点直上で，（1 つの粒子が離れた他の粒子にどれだけ影響を及ぼせるかを示す）粒子間の相関長が無限大になる．相関長 ξ は

$$G(\vec{x}, \vec{y}) \sim e^{-|\vec{n}_x - \vec{n}_y|/\xi}, \quad |\vec{n}_x - \vec{n}_y| \to \infty \tag{4.8}$$

と定義されるので，$M = 1/\xi$ であり，$\xi = \infty$ は $M = 0$ を意味する．つまり，格子上の場の理論を統計系と見なして，その（2 次以上の）相転移点を見つければよく，その相転移点に近づけることで，連続極限がとれる．

このように，格子上の場の理論では，その連続理論の定義の仕方から，粒子の質量 m は必ず有限であり，発散は無い．しかしながら，基本粒子の質量 m_0 に関しては，相転移点で $M_{0,c} = 0$ となる保証はないので，$M_{0,c} \neq 0$ である限り，$m_0 = M_{0,c}/a \to \infty$ と連続理論で発散する．これが，自由粒子を基本とした摂動展開で現れる発散に対応している．つまり，基本粒子の質量 m_0 を有限な値にしている限り，連続極限では $0 = m_0 a \neq M_{0,c}$ なので，物理的な粒子の質量 $m = M/a$ が発散する．それを有限にするには，基本粒子の質量パラメタを $m_0 = M_{0,c}/a$ と無限大にとる必要がある．これが，無限大から無限大を引き有限にするという摂動論の「繰り込み」に対応する．

最後に，連続極限で，粒子の質量 m の値をどうやって決めるかを考える．残

念ながら，粒子の質量 m だけを連続極限で決めることはできない．もし，この世に粒子が1つしかなければ，その質量を 1 MeV と思うか，1 GeV と思うのかは，人間の勝手であり，その値自体に意味は無い．このことから，粒子の質量の絶対的な値を決めることは不可能であることが理解できる．もし，別の粒子が存在し，その質量を m' とすれば，格子上で $M' = m'a$ が計算できるので，連続極限で m との比 r を

$$r \equiv \frac{m'}{m} = \lim_{a \to 0} \frac{m'a}{ma} = \lim_{g \to g_c, m_0 a \to m_c a} \frac{M'(g, m_0 a)}{M(g, m_0 a)} \tag{4.9}$$

と計算できる．つまり，ある粒子の質量を基準とすれば，他の粒子の相対的な質量は理論から求めることができるわけだ．

次は，いよいよ本書の中心の話題である格子 QCD を説明する．

4.4 ゲージ理論と QCD

前述したように，量子色力学 (QCD) は，クォークとグルーオンの運動を支配する基本法則だが，その中心は非可換ゲージ理論と呼ばれているものである．

実は QED もゲージ理論なので，まず，それを使ってゲージ理論とは何かを説明しよう．ただし，QED の場合は，非可換ではなく可換ゲージ理論である．電磁気学では，電場や磁場は，ベクトルポテンシャル A_μ を使って，

$$F_{\mu\nu}(\vec{x}) = \frac{\partial A_\nu(\vec{x})}{\partial x^\mu} - \frac{\partial A_\mu(\vec{x})}{\partial x^\nu} \tag{4.10}$$

と書ける．ここで，$\mu = 0, 1, 2, 3$ であるので，A_μ はベクトル場であり，座標の $\vec{x} = (x^0, x^1, x^2, x^3)$ の関数でもある．$F_{\mu\nu}$ は場の強さと呼ばれ，F_{kl} が磁場，F_{0k} が電場に対応する．ここで，k, l は 1 から 3 までの値をとるので，ベクトルの空間成分を表す．$F_{\mu\nu}$ の定義から，$F_{\mu\nu} = -F_{\nu\mu}$, $F_{\mu\mu} = 0$ を満たす．

ここで，ベクトル場に対する以下の「ゲージ変換」を考えよう．

$$A_\mu(\vec{x}) \to A'_\mu(\vec{x}) = A_\mu(\vec{x}) - \frac{\partial \theta(\vec{x})}{\partial x^\mu} \tag{4.11}$$

ここで，θ は $\vec{x}$ の任意の関数である．変換が場所 $\vec{x}$ に依存しているので，この変換は特に局所ゲージ変換とも呼ばれている．この変換によって，$F_{\mu\nu}$ は不変，

つまり，変化しないことは以下のような計算でわかる．

$$F'_{\mu\nu}(\vec{x}) = \frac{\partial A'_\nu(\vec{x})}{\partial x^\mu} - \frac{\partial A'_\mu(\vec{x})}{\partial x^\nu} = F_{\mu\nu}(\vec{x}) + \frac{\partial^2 \theta(\vec{x})}{\partial x^\mu \partial x^\nu} - \frac{\partial^2 \theta(\vec{x})}{\partial x^\nu \partial x^\mu}$$
$$= F_{\mu\nu}(\vec{x}). \tag{4.12}$$

理論の運動を決める作用などが，$F_{\mu\nu}$ だけで書けているとすると，その作用は，このゲージ変換を施しても変化しない．このような理論をゲージ理論と呼ぶ．実際，ゲージ理論の作用は

$$S_G = \int d^4x \, \frac{1}{4e^2} F_{\mu\nu}(\vec{x}) F^{\mu\nu}(\vec{x}) \tag{4.13}$$

で与えられ，ゲージ不変である．ここで，上付きと下付きの添字が同じ場合は和をとるというアインシュタインの記号法を用いているので，μ, ν に関しては和をとっている．ユークリッド空間では，$F^{\mu\nu} = F_{\mu\nu}$ である（ミンコフスキー空間では，計量 $g^{\mu\nu}$ を使って，$F^{\mu\nu} = g^{\mu\alpha} g^{\nu\beta} F_{\alpha\beta}$ である）．ここで，作用 S_G の添字 G はゲージ (Gauge) 場を意味し，力学変数であるベクトル場 A_μ はゲージ場と呼ばれる．この理論を量子化すると A_μ が光子に対応する．また，全体の分母に現れた e^2 は QED の結合定数（つまり電荷）である．

次に，光子 A_μ と電子との相互作用を考えよう．電子の場を $\psi(\vec{x})$ とすると，その作用は

$$S_F = \int d^4x \, \bar{\psi}(\vec{x}) (\gamma^\mu \partial_\mu + m) \psi(\vec{x}), \quad \partial_\mu \equiv \frac{\partial}{\partial x^\mu} \tag{4.14}$$

で与えられる．ここで，$\bar{\psi}$ は反電子（陽電子）に対応する場である．簡単のために，偏微分は上記のように ∂_μ と略記する．電子がフェルミオン (fermion) であることから添字 F を使っている．m はフェルミオンの質量パラメタである．S_F を $\bar{\psi}$ に関して変分をとれば，

$$\frac{\delta S_F}{\delta \bar{\psi}(\vec{x})} = (\gamma^\mu \partial_\mu + m) \psi(\vec{x}) = 0, \tag{4.15}$$

と ψ がディラック方程式を満たすので，この作用は正しそうである．電子と光子との相互作用をゲージ不変性から求めよう．フェルミオン場のゲージ変換を

$$\psi'(\vec{x}) = e^{i\theta(\vec{x})} \psi(\vec{x}) \equiv \Omega(x) \psi(\vec{x}) \tag{4.16}$$

$$\bar{\psi}'(\vec{x}) = \psi(\vec{x})e^{-i\theta(\vec{x})} \equiv \psi(\vec{x})\Omega^\dagger(x) \tag{4.17}$$

と定義する．ここで $\Omega(\vec{x}) = e^{i\theta(\vec{x})}$ は $\Omega(\vec{x})\Omega^\dagger(\vec{x}) = 1$ を満たし，局所 U(1) ゲージ変換行列と呼ばれる．これを使うと，A_μ のゲージ変換は，

$$A'_\mu(\vec{x}) = \Omega(\vec{x})A_\mu(\vec{x})\Omega^\dagger(\vec{x}) + \frac{1}{i}\Omega(\vec{x})\partial_\mu\Omega^\dagger(\vec{x}) \tag{4.18}$$

と書ける．U(1) の元は可換なので，この式の1項目の Ω と $\Omega^\dagger$ は打ち消される．
 この変換の下で，フェルミオン作用のなかで微分を含む項は

$$\bar{\psi}'(\vec{x})\gamma^\mu\partial_\mu\psi'(\vec{x}) = \bar{\psi}(\vec{x})\gamma^\mu\partial_\mu\psi(\vec{x}) + i\bar{\psi}(\vec{x})\gamma^\mu(\partial_\mu\theta(\vec{x}))\psi(\vec{x}) \tag{4.19}$$

と変換するので不変ではない．不変にするためには，微分を共変微分

$$D_\mu = \partial_\mu + iA_\mu(\vec{x}) \tag{4.20}$$

に変えればよい．なぜなら，

$$\begin{aligned}\{D_\mu\psi(\vec{x})\}' &= \{\partial_\mu + i\Omega(\vec{x})A_\mu(\vec{x})\Omega^\dagger(\vec{x}) + \Omega(\vec{x})\partial_\mu\Omega^\dagger(\vec{x})\}\Omega(\vec{x})\psi(\vec{x}) \\ &= \Omega(\vec{x})(\partial_\mu + iA_\mu(\vec{x}))\psi(\vec{x}) = \Omega(\vec{x})D_\mu\psi(\vec{x}) \end{aligned} \tag{4.21}$$

となるので，

$$\{\bar{\psi}(\vec{x})\gamma^\mu D_\mu\psi(\vec{x})\}' = \bar{\psi}(\vec{x})\gamma^\mu D_\mu\psi(\vec{x}) \tag{4.22}$$

と共変微分を含んだ項は不変であることがわかる．ここで，式 (4.21) の 2 行めを導くのに，以下の性質を用いている．

$$[\partial_\mu\Omega(\vec{x})]\Omega^\dagger(\vec{x}) + \Omega(\vec{x})\left[\partial_\mu\Omega^\dagger(\vec{x})\right] = \partial_\mu\left[\Omega(\vec{x})\Omega^\dagger(\vec{x})\right] = \partial_\mu[1] = 0. \tag{4.23}$$

これを使って，式 (4.21) の 2 行めを各自で示してみてほしい．
 ゲージ場の作用とフェルミオン場の作用を足したものが QED の作用であり，

$$S_{QED} = \int d^4x \left[\frac{1}{4e^2}F_{\mu\nu}(\vec{x})F^{\mu\nu}(\vec{x}) + \bar{\psi}(\vec{x})(\gamma^\mu D_\mu + m)\psi(\vec{x})\right] \tag{4.24}$$

となる．

4.4 ゲージ理論と QCD

QCD は，QED のゲージ変換 U を非可換な行列に拡張したものであり，非可換ゲージ理論と呼ばれる．その変換行列 Ω は 3×3 の行列であり，$\Omega^\dagger \Omega = \Omega\Omega^\dagger = \mathbf{1}_{3\times 3}$（ユニタリ条件），$\det\Omega = 1$ を満たすので，SU(3)（特殊ユニタリ）行列である．ここで，$\mathbf{1}_3$ は 3×3 の単位行列で，Ω が 3×3 なのは，クォークの持つカラーが 3（赤，青，緑）であることに対応している．したがって，クォーク場のゲージ変換は

$$(\psi')^a(\vec{x}) = \sum_{b=\{RGB\}} \Omega^a{}_b(\vec{x})\psi^b(\vec{x}), \tag{4.25}$$

$$(\bar{\psi}')_a(\vec{x}) = \bar{\psi}_b(\vec{x})(\Omega^\dagger)^b{}_a(\vec{x}) \tag{4.26}$$

となる．以下では，2 行めのように，上下で繰り返して現れる添字は和をとるという規則をカラーの場合にも適用することにする．

ゲージ場 A_μ も 3×3 の行列であり，そのゲージ変換は，

$$A'_\mu(\vec{x}) = \Omega(\vec{x})A_\mu(\vec{x})\Omega^\dagger(\vec{x}) + \frac{1}{i}\Omega(\vec{x})\partial_\mu\Omega^\dagger(\vec{x}) \tag{4.27}$$

と QED の場合と同じ形になり，共変微分 $D_\mu = \partial_\mu + iA_\mu(\vec{x})$ の変換は，

$$\begin{aligned}D'_\mu &= \partial_\mu + iA'_\mu(\vec{x}) = \partial_\mu + i\Omega(\vec{x})A_\mu(\vec{x})\Omega^\dagger(\vec{x}) + \Omega(\vec{x})\partial_\mu\Omega^\dagger(\vec{x}) \\ &= \Omega(\vec{x})D_\mu\Omega^\dagger(\vec{x})\end{aligned} \tag{4.28}$$

となる．ここで最後の行 D_μ のなかの ∂_μ は $\Omega^\dagger$ だけでなく，その後ろにも作用することに注意してほしい．この変換性を使うと，クォーク場の作用

$$S_F = \sum_{f=u,d,s,\cdots}\int d^4x\,\bar{\psi}_f(\vec{x})(\gamma^\mu D_\mu + m)\psi_f(\vec{x}) \tag{4.29}$$

は，ゲージ変換で不変であることがわかる．ここで，f はクォークのフレーバーを表し，最大で $f = u,d,s,c,b,t$ の 6 種類である．

グルーオン場 A_μ に対する場の強さは，交換子 $[x,y] \equiv XY - YX$ を使って，以下のように定義するとよい．

$$\begin{aligned}F_{\mu\nu} &\equiv \frac{1}{i}[D_\mu, D_\nu] = \frac{1}{i}[\partial_\mu + iA_\mu, \partial_\nu + iA_\nu] \\ &= \partial_\mu A_\nu(\vec{x}) - \partial_\nu A_\mu(\vec{x}) + i[A_\mu(\vec{x}), A_\nu(\vec{x})]\end{aligned} \tag{4.30}$$

ここで，3番めの項は，A_μが非可換であることから出てくる項なので，可換であるQEDの場合はゼロになり，前に与えた場の強さと一致する．$F_{\mu\nu}$の定義から，そのゲージ変換性は

$$F'_{\mu\nu} = [D'_\mu, D'_\nu] = [\Omega D_\mu \Omega^\dagger, \Omega D_\mu \Omega^\dagger] = \Omega[D_\mu, D_\nu]\Omega^\dagger = \Omega F_{\mu\nu}\Omega^\dagger \quad (4.31)$$

となる．ここでは，簡単のために座標$\vec{x}$は省略して書いていないが，実際には$\vec{x}$の関数であることに注意してほしい．

ゲージ場に対する作用は，QEDの場合を行列に拡張し，

$$S_G = \int d^4x \frac{1}{4g^2} \mathrm{tr}\, F_{\mu\nu}(\vec{x}) F^{\mu\nu}(\vec{x}) \quad (4.32)$$

となる．ここで，gはゲージ場の結合定数である．また，trは行列のトレースであり，行列X,Yに対して，$\mathrm{tr} X = \sum_{a=1}^3 X^a{}_a (= X^a{}_a)$と定義され，$\mathrm{tr} XY = \mathrm{tr} YX$を満たす．これを使うと，作用に現れる項が

$$\mathrm{tr}\, F'_{\mu\nu}(F^{\mu\nu})' = \mathrm{tr}\, \Omega F_{\mu\nu}\Omega^\dagger \cdot \Omega F^{\mu\nu}\Omega^\dagger = \mathrm{tr}\, \Omega^\dagger \Omega F_{\mu\nu} F^{\mu\nu} = \mathrm{tr}\, F_{\mu\nu} F^{\mu\nu} \quad (4.33)$$

とゲージ不変であることが示せる．ここでは，Ωがユニタリ行列であること，トレース中で行列の順序を入れ替えられること，を用いている．

QCDの相互作用を見るには，ゲージ場A_μをgA_μに置き換えればよい．このようにして書き換えたQCDの作用は

$$S_{QCD} = \int d^4x \left[\frac{1}{4} \mathrm{tr}\, F_{\mu\nu}(\vec{x}) F^{\mu\nu}(\vec{x}) + \sum_{f=u,d,s,\cdots} \bar{\psi}_f(\vec{x})(\gamma^\mu D_\mu + m)\psi_f(\vec{x}) \right] \quad (4.34)$$

となる．ただし，

$$F_{\mu\nu}(\vec{x}) = \partial_\mu A_\nu(\vec{x}) - \partial_\nu A_\mu(\vec{x}) + ig[A_\mu(\vec{x}), A_\nu(\vec{x})] \quad (4.35)$$

$$D_\mu = \partial_\mu + igA_\mu(\vec{x}) \quad (4.36)$$

であり，A_μのゲージ変換は

$$A'_\mu(\vec{x}) = \Omega(\vec{x})A_\mu(\vec{x})\Omega^\dagger(\vec{x}) + \frac{1}{ig}\Omega(\vec{x})\partial_\mu\Omega^\dagger(\vec{x}) \tag{4.37}$$

となる．クォーク場の作用 S_F のなかのクォークとグルーオンの相互作用は，

$$ig\bar{\psi}(\vec{x})\gamma^\mu A_\mu(\vec{x})\psi(\vec{x}) \tag{4.38}$$

なので，図 3.6 左のようにクォークがグルーオンを放出／吸収する．これは，QED の場合と同じである．

QED との違いは，ゲージ場の作用から現れる．QED の場合，$F_{\mu\nu}$ は光子場 A_μ の 1 次なので，作用のなかの $F_{\mu\nu}^2$ からは A_μ の 2 次項のみが存在し，光子の伝播を与える．一方，QCD の場合，$F_{\mu\nu}$ はグルーオン場 A_μ の 1 次だけでなく 2 次も含むので，作用には，以下のような A_μ の 3 次，4 次の項も現れる．

$$2ig\{\partial_\mu A_\nu(\vec{x}) - \partial_\nu A_\mu(\vec{x})\}[A^\mu(\vec{x}), A^\nu(\vec{x})], \tag{4.39}$$
$$-g^2[A_\mu(\vec{x}), A_\nu(\vec{x})][A^\mu(\vec{x}), A^\nu(\vec{x})]. \tag{4.40}$$

その結果，グルーオンは 3 点自己相互作用（図 3.6 中），4 点自己相互作用（図 3.6 右）をする．これが QED と QCD の大きな違いであり，後者が近距離で漸近的自由性という性質を持つ原因となっている．ここで，1 つ重要なのは，グルーオンとクォークの相互作用の強さはクォークの種類によらず g であり，グルーオンの 3 点自己相互作用の強さと同じであり，さらに，グルーオンの 4 点自己相互作用も同じ g を用いて，g^2 となることである．このように，すべての相互作用が 1 つの結合定数 g で書けているのはゲージ不変性の帰結であり，ゲージ理論の特徴である．

一方，遠距離では相互作用が強くなりクォークの閉じ込めなどの現象を引き起こすと考えられるが，前にも述べたように，摂動展開では計算できない．そこで，次の章で，QCD を格子上に定義した格子 QCD を導入し，その計算方法を解説したい．

4.5　格子 QCD

さて，QCD を格子上に定義することを考えよう．まず，図 4.3 のような格子を

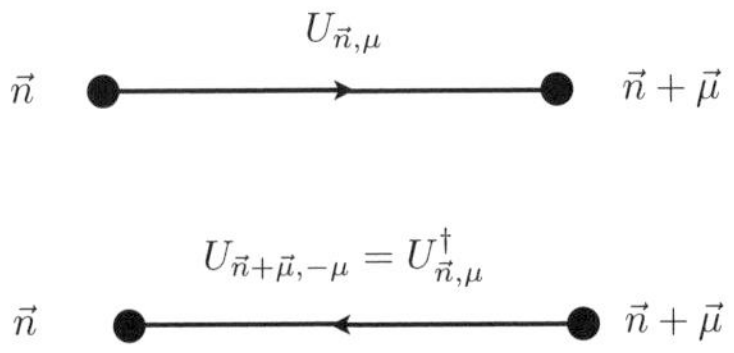

$$\vec{n} \bullet \xrightarrow{U_{\vec{n},\mu}} \bullet \vec{n}+\vec{\mu}$$

$$\vec{n} \bullet \xleftarrow{U_{\vec{n}+\vec{\mu},-\mu} = U^\dagger_{\vec{n},\mu}} \bullet \vec{n}+\vec{\mu}$$

図 4.4 （上）リンク $(\vec{n}, \vec{n}+\vec{\mu})$ 上の変数 $U_{n,\mu}$. （下）リンク $(\vec{n}+\vec{\mu}, \vec{n})$ 上の変数 $U_{n+\vec{\mu},-\mu}$. これは $U^\dagger_{\vec{n},\mu}$ に等しいとする.

考える．クォークは格子点に置くことにして，$\psi_{\vec{n}} \equiv \psi(\vec{x}=\vec{n}a)$, $\bar{\psi}_{\vec{n}} \equiv \bar{\psi}(\vec{x}=\vec{n}a)$ などと書くことにする．そのゲージ変換を

$$\psi'_{\vec{n}} = \Omega_{\vec{n}} \psi_{\vec{n}}, \quad \bar{\psi}'_{\vec{n}} = \bar{\psi}_{\vec{n}} \Omega^\dagger_{\vec{n}} \tag{4.41}$$

とする．ここで，$\Omega_{\vec{n}} \equiv \Omega(\vec{x}=\vec{n}a)$ は格子点 $\vec{n}a$ でのゲージ変換である．このゲージ変換の下では，$\bar{\psi}_{\vec{n}} \psi_{\vec{n}}$ は不変だが，$\bar{\psi}_{\vec{n}} \psi_{\vec{m}}$ は $\vec{n} \neq \vec{m}$ だと不変ではない．このような量を不変にするために，格子点 $\vec{n}a$ とその隣の点 $(\vec{n}+\vec{\mu})a$ を結ぶリンク上に，ある変数 $U_{\vec{n},\mu}$ を定義する（図 4.4 上を参照）．ここで，$\vec{\mu}$ は μ 方向の単位ベクトルである．もし，この変数がゲージ変換で

$$U'_{\vec{n},\mu} = \Omega_{\vec{n}} U_{\vec{n},\mu} \Omega^\dagger_{\vec{n}+\vec{\mu}} \tag{4.42}$$

と変換すれば，$\bar{\psi}_{\vec{n}} U_{n,\mu} \psi_{\vec{n}+\vec{\mu}}$ がゲージ不変になることがわかる．一般の $\vec{n} \neq \vec{m}$ に関しては，2 点を繋ぐ格子上の経路を考え，その経路にあるリンク上の変数 U を順番に書けたものを間に挟めばよい．つまり，

$$\bar{\psi}_{\vec{n}} U_{\vec{n},\mu} \cdots U_{\vec{m}-\hat{\nu},\nu} \psi_{\vec{m}} \tag{4.43}$$

とすればゲージ不変である（図 4.5 を参照）．なぜなら 2 点を繋ぐ経路のリンク上の変数の積はゲージ変換で

$$\begin{aligned} U'_{\vec{n},\mu} \cdots U'_{\vec{m}-\hat{\nu},\nu} &= \Omega_{\vec{n}} U_{\vec{n},\mu} \Omega^\dagger_{\vec{n}+\vec{\mu}} \cdots \Omega_{\vec{m}-\hat{\nu}} U_{\vec{m}-\hat{\nu},\nu} \Omega^\dagger_{\vec{m}} \\ &= \Omega_{\vec{n}} U_{\vec{n},\mu} \cdots U_{\vec{m}-\hat{\nu},\nu} \Omega^\dagger_{\vec{m}} \end{aligned} \tag{4.44}$$

とユニタリ行列の性質から，途中のゲージ変換がすべて無くなり，両端のゲージ変換だけが残るからである．

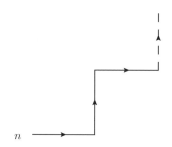

図 4.5 格子点 $\vec{n}$ と格子点 $\vec{m}$ を結ぶ格子上の経路の例.

$U_{\vec{n},\mu}$ はベクトルの足 μ を持っているので,グルーオン場 A_μ と考えたいが,残念ながら,A_μ のゲージ変換 (4.37) と $U_{\vec{n},\mu}$ のゲージ変換 (4.42) は異なるので,両者を同一視することはできない.そこで,ここでは $U_{\vec{n},\mu}$ はグルーオンを表す何らかの変数と考えて話を進める.

いささか天下りだが,$U_{\vec{n},\mu}$ と A_μ との関係を以下のようにする.

$$U_{\vec{n},\mu} = e^{iagA_\mu((\vec{n}+\vec{\mu}/2)a)} \tag{4.45}$$

$(\vec{n},\mu)$ で定義されるリンクの真ん中にグルーオン場 A_μ を考え,それを指数関数の肩に乗せたものが $U_{\vec{n},\mu}$ である.格子間隔 a は次元を持つ A_μ を無次元化するために必要である.この定義の下で,その変換性を比べてみよう.ゲージ変換性 (4.42) より,

$$e^{iagA'_\mu((\vec{n}+\vec{\mu}/2)a)} = U'_{\vec{n},\mu} = \Omega_{\vec{n}} e^{iagA_\mu((\vec{n}+\vec{\mu}/2)a)} \Omega^\dagger_{\vec{n}+\vec{\mu}} \tag{4.46}$$

だが,左辺と右辺で,a が小さいとして指数を展開し,a の 1 次まで考え,両者を等しいとすると

$$1 + iagA'_\mu((\vec{n}+\vec{\mu}/2)a) = \Omega_{\vec{n}}\Omega^\dagger_{\vec{n}+\vec{\mu}}$$
$$+ iag\Omega_{\vec{n}}A_\mu((\vec{n}+\vec{\mu}/2)a)\Omega^\dagger_{\vec{n}+\vec{\mu}} + O(a^2) \quad (4.47)$$

となるので，整理すると

$$A'_\mu((\vec{n}+\vec{\mu}/2)a) = \Omega_{\vec{n}}A_\mu((\vec{n}+\vec{\mu}/2)a)\Omega^\dagger_{\vec{n}+\vec{\mu}} + \frac{1}{ig}\Omega_{\vec{n}}\frac{\Omega^\dagger_{\vec{n}+\vec{\mu}} - \Omega^\dagger_{\vec{n}}}{a} + O(a) \quad (4.48)$$

となる．ここで，$O(a)$ の違いを無視すれば，

$$A'_\mu((\vec{n}+\vec{\mu}/2)a) = A'_\mu(\vec{x}) + O(a), \quad A_\mu((\vec{n}+\vec{\mu}/2)a) = A_\mu(\vec{x}) + O(a),$$
$$\Omega_{\vec{n}+\vec{\mu}} = \Omega_{\vec{x}} + O(a), \quad \frac{\Omega^\dagger_{\vec{n}+\vec{\mu}} - \Omega^\dagger_{\vec{n}}}{a} = \partial_\mu \Omega^\dagger_{\vec{x}} + O(a) \quad (4.49)$$

となるので，この式は A_μ のゲージ変換 (4.37) と一致する．ここで，$\vec{x} = \vec{n}a$ である．したがって，定義 (4.45) は正しそうである．

この $U_{\vec{n},\mu}$ を使うと，クォークの作用に現れる共変微分 D_μ の項は

$$\frac{1}{2a}\left\{U_{\vec{n},\mu}\psi_{\vec{n}+\vec{\mu}} - U^\dagger_{\vec{n}-\vec{\mu},\mu}\psi_{\vec{n}-\vec{\mu}}\right\} \quad (4.50)$$

と書ける．ここでは，$U_{\vec{n},-\mu} = U^\dagger_{\vec{n}-\vec{\mu},\mu}$ という性質を使っている（図 4.4 下を参照）．前と同様に $U_{\vec{n},\mu}$ を A_μ で展開し，$O(a)$ の違いを無視すると

$$\frac{1}{2a}\{\psi_{\vec{n}+\vec{\mu}} - \psi_{\vec{n}-\vec{\mu}}\} + igA_\mu(\vec{x})\psi_{\vec{n}} + O(a) \simeq (\partial_\mu + igA_\mu(\vec{x}))\psi(\vec{x}) + O(a) \quad (4.51)$$

となるので，$O(a)$ を無視すれば，共変微分 D_μ の定義に一致する．

式 (4.50) に現れる $U_{\vec{n},\mu}$ を A_μ で展開すると

$$\bar{\psi}_{\vec{n}}U_{\vec{n},\mu}\psi_{\vec{n}+\vec{\mu}} = \sum_{n=0}^{\infty}\bar{\psi}_{\vec{n}}\frac{(iag)^n}{n!}A_\mu^n\psi_{\vec{n}+\vec{\mu}} \quad (4.52)$$

となるので，この1つの項で，クォークと反クォークが，図 4.6 のように，いろいろな数のグルーオン場と相互作用しているのを表していることになる．このことにより，QCD の非摂動的な効果を取り入れることが可能になっている

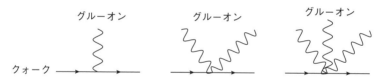

図 4.6 格子の共変微分により記述されるクォークとグルーオンの相互作用の模式図.

のだ.

さて,グルーオン場の作用は,$U_{\vec{n},\mu}$ を使ってどのように書けるであろうか？ゲージ理論においては,ゲージ不変性は大事な原理であったので,作用もそれを保つようにしよう.リンク変数だけを使ってゲージ不変な量を作るために,まず,格子空間上に閉じた経路を作り,その上のリンク変数 $U_{\vec{n},\mu}$ の積を考える.式 (4.44) を使うと,閉じたループのゲージ変換は

$$U'_{\vec{n},\mu} \cdots U'_{\vec{n}-\hat{\nu},\nu} = \Omega_{\vec{n}} U_{\vec{n},\mu} \cdots U_{\vec{n}-\hat{\nu},\nu} \Omega_{\vec{n}}^{\dagger} \tag{4.53}$$

となるので,トレースをとっておけばゲージ不変になる.

$$\mathrm{tr}\, U'_{\vec{n},\mu} \cdots U'_{\vec{n}-\hat{\nu},\nu} = \mathrm{tr}\, \Omega_{\vec{n}} U_{\vec{n},\mu} \cdots U_{\vec{n}-\hat{\nu},\nu} \Omega_{\vec{n}}^{\dagger} = \mathrm{tr}\, \Omega_{\vec{n}}^{\dagger} \Omega_{\vec{n}} U_{\vec{n},\mu} \cdots U_{\vec{n}-\hat{\nu},\nu}$$
$$= \mathrm{tr}\, U_{\vec{n},\mu} \cdots U_{\vec{n}-\hat{\nu},\nu}. \tag{4.54}$$

閉じたループのなかで一番簡単な正方形（プラケットと呼ばれる）をとり,それを用いて作られたゲージ不変な作用をプラケット作用という（図 4.7 を参照）.

プラケット作用を具体的に書くと以下のようになる.

$$S_{\mathrm{plaq.}} = -\frac{1}{g^2} \sum_{\vec{n}} \sum_{\mu \neq \nu} \mathrm{tr}\, U_{\vec{n},\mu} U_{\vec{n}+\vec{\mu},\nu} U_{\vec{n}+\vec{\nu},\mu}^{\dagger} U_{\vec{n},\nu}^{\dagger}. \tag{4.55}$$

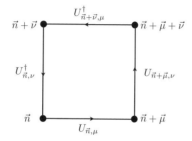

図 4.7 一番簡単な閉じたループであるプラケット.

ここで，逆向きの矢印は，U のエルミート共役に対応することを思い出してほしい．

この作用が，$a \to 0$ の極限で，ゲージ場の作用 (4.32) と一致することを見てみたいが，計算がかなり面倒になるのでここでは省略する（興味のある方は教科書などを見てほしい）．ここでは，ゲージ場の作用として最小の正方形のループを考えたが，長方形のループや，いす型の 3 次元的なループを考えてもよい．どのようなループを使っても，その係数さえうまく調整すれば，$a \to 0$ の極限では，作用 (4.32) に一致する．このことを格子作用の普遍性 (Universality) と呼ぶ．ただし，式 (4.32) からのずれは $O(a^2)$ であり，その係数は，どのようなループを使ったかに依存する．したがって，うまいループの組み合わせを考えると，$O(a^2)$ の係数を小さくしたり，ゼロにすることが可能になる．そのような操作を格子作用の改良と呼ぶ．

格子 (Lattice)QCD の作用はゲージ場の作用とフェルミオン場の作用を合わせて，

$$\begin{aligned} S_{\text{LQCD}} &= -\frac{1}{g^2} \sum_{\vec{n}} \sum_{\mu \neq \nu} \text{tr}\, U_{\vec{n},\mu} U_{\vec{n}+\hat{\mu},\nu} U^\dagger_{\vec{n}+\hat{\nu},\mu} U^\dagger_{\vec{n},\nu} \\ &+ \sum_{\vec{n}} \sum_{\mu} \frac{1}{2a} \bar{\psi}_{\vec{n}} \gamma^\mu \left\{ U_{\vec{n},\mu} \psi_{\vec{n}+\hat{\mu}} - U^\dagger_{\vec{n}-\hat{\mu},\mu} \psi_{\vec{n}-\hat{\mu}} \right\} + m \sum_{\vec{n}} \bar{\psi}_{\vec{n}} \psi_{\vec{n}} \end{aligned} \tag{4.56}$$

となる．ここで，g^2 はゲージ結合定数，m はクォーク質量であり，γ^μ はディラックのガンマ行列である．後での便利のために，以下のように書き換える．

$$S_{\text{LQCD}} = S_{\text{plaq.}} + \sum_{\vec{n}} \bar{\psi}_{\vec{n}} [D(U)\psi]_{\vec{n}} \tag{4.57}$$

ここで，

$$[D(U)\psi]_{\vec{n}} = \sum_{\mu} \frac{1}{2a} \gamma^\mu \left\{ U_{\vec{n},\mu} \psi_{\vec{n}+\hat{\mu}} - U^\dagger_{\vec{n}-\hat{\mu},\mu} \psi_{\vec{n}-\hat{\mu}} \right\} + m\psi_{\vec{n}} \tag{4.58}$$

であり，$D(U)$ は格子上のディラック演算子と呼ばれ，$a \to 0$ の極限（連続極限）で，連続時空のディラック演算子 $\gamma^\mu D_\mu + m$ に一致する．ここでも格子上のディラック演算子を改良して，連続時空のディラック演算子からのずれを小さくすることが可能である．

次に，この理論を数値シミュレーションで計算する方法を紹介する．

4.6 格子QCDの数値シミュレーション

格子QCDはゲージ理論の非摂動的な効果を取り入れた定式化になっているが，実際に解析的に計算するのは容易ではない．その代わり，格子空間でかつ有限体積にしたおかげで，自由度の数が有限になったため，数値計算が可能になる．ここでは，格子QCDの数値計算の簡単な原理を紹介しよう．

格子QCDで計算すべき（真空）期待値は，経路積分による量子化を用いると以下のように書かれる．

$$\langle 0|\mathcal{O}(U,\bar{\psi},\psi)|0\rangle = \frac{1}{Z}\int \prod_{\vec{n},\mu}dU_{\vec{n},\mu}\prod_{\vec{n}}d\bar{\psi}_{\vec{n}}d\psi_{\vec{n}}\mathcal{O}(U,\bar{\psi},\psi)e^{-S_{\mathrm{LQCD}}} \tag{4.59}$$

ここで，$\mathcal{O}(U,\bar{\psi},\psi)$ は，我々が計算したい物理量であり，クォーク場とリンク変数で書かれている．また，規格化定数は

$$Z = \int \prod_{\vec{n},\mu}dU_{\vec{n},\mu}\prod_{\vec{n}}d\bar{\psi}_{\vec{n}}d\psi_{\vec{n}}\ e^{-S_{\mathrm{LQCD}}} \tag{4.60}$$

である．積分は，リンク変数 $U_{\vec{n},\mu}$ と格子点上のクォーク場 $\psi_{\vec{n}},\bar{\psi}_{\vec{n}}$ について行うが，クォーク場は通常の数ではなく，グラスマン数と呼ばれる反可換な量なので，このままでは数値計算できない．幸いなことに，格子QCDの作用では，クォーク場の積分は実行可能であり，その結果，期待値は以下のように書き表せる．

$$\langle 0|\mathcal{O}(U,\bar{\psi},\psi)|0\rangle = \frac{1}{Z}\int \prod_{\vec{n},\mu}dU_{\vec{n},\mu}\mathcal{O}'(U)\det D(U)\ e^{-S_{\mathrm{plaq.}}} \tag{4.61}$$

ここで，$\det D(U)$ は格子ディラック演算子の行列式であり，また，

$$Z = \int \prod_{\vec{n},\mu}dU_{\vec{n},\mu}\det D(U)\ e^{-S_{\mathrm{plaq.}}} \tag{4.62}$$

となるので，積分するのはリンク変数 $U_{\vec{n},\mu}$ だけである．物理量がクォーク場を含む場合は，そのなかのクォーク場も手で（解析的に）積分を実行し，その結

果得られたのが,$O'(U)$ である.残念ながら,リンク変数 $U_{\vec{n},\mu}$ の積分を解析的に実行することは不可能である.

この経路積分の表式で,$U_{\vec{n},\mu}$ をすべて A_μ で書き直すと,$a \to 0$ の極限では,クォーク場とグルーオン場 A_μ との相互作用,A_μ の 3 点や 4 点相互作用などが残り,連続理論の QCD の経路積分の表式に一致する.その相互作用を展開して計算するのが摂動展開である.前述したように,摂動展開では,クォークの閉じ込めのような現象を再現するのは難しい.一方,A_μ で書き直さずに $U_{\vec{n},\mu}$ を経路積分で取り扱えば,図 4.6 のようなクォークが無限個の A_μ と相互作用する寄与も簡単に取り入れることができる.もちろん,グルーオン同士の相互作用も無限の次数まで取り込める.このように,格子 QCD の経路積分による計算は,摂動展開では記述できない QCD の持つ非摂動効果を取り込んだものになっており,その点がこの方法の利点である.

4.6.1 重要サンプリング

それでは,積分を区分求積法で数値的に計算することはできるだろうか?まず,積分変数の数がどれくらいになるかを考えよう.1 辺にある格子点の数を 10 としよう(現在の標準的な計算では 10 はかなり少ない数である).4 次元時空間の格子点の総数は,10^4 である.変数 U の自由度の数が,8×4 である.8 は,SU(3) 行列の自由度の数であり,4 は方向 μ の数である.したがって,独立な $U_{\vec{n},\mu}$ の数は 3.2×10^5 であり,数値計算すべきなのは 3.2×10^5 重積分になる.1 自由度あたりの積分を区分求積法で求めるとして,その代表点をやはり 10 点を選ぶとすると(つまり,積分を 10 点の値の和を使って評価する),多重積分なので,$10^{3.2 \times 10^5}$ 回の和が必要である(ここでは被積分関数を計算するために必要な演算量は考えていない).この演算を,日本が誇るスーパーコンピュータである「京」(http://www.aics.riken.jp/jp/k/) で行うことを考えよう.「京」の演算能力は最大で 10 ペタフロップスであり,1 秒間に 10×10^{15} 回の足し算などの演算ができる.したがって「京」を最大限使ったとすると,$10^{3.2 \times 10^5}$ を 10×10^{15} で割った $10^{(3.2 \times 10^5 - 16)}$ 秒かかる.1 年は $365 \times 24 \times 60 \times 60 \simeq 3.2 \times 10^7$ 秒なので,必要な時間を年に直すと,約 3×10^{319976} 年かかる.宇宙年齢は約 138 億年,つまり 1.38×10^{11} 年なので,宇宙の最初から計算を開始し現在まで計算していてもほとんど終わっていない.計算機の能力を 1 万倍にして,台数を 1 万台にしても,この状況を変えることはできず,この積分を台形公式のような

近似計算で数値積分することは不可能である．

それではどうやって $U_{\vec{n},\mu}$ の積分をすればよいだろうか？まず，式 (4.61) を次のように書き換える．

$$\langle 0|\mathcal{O}(U,\bar{\psi},\psi)|0\rangle = \sum_{U} \mathcal{O}'(U)P(U), \tag{4.63}$$

$$P(U) = \frac{1}{Z}\det D(U)e^{-S_G(U)} \tag{4.64}$$

ここで，$S_G(U) = S_{\text{plaq}}$ であり，$P(U)$ は全リンクの $U_{\vec{n},\mu}$ の値を指定した状態 $U = \{U_{\vec{n},\mu}|^{\forall}(\vec{n},\mu)\}$（これをゲージ場の配位と呼ぶ）の出現確率を表している．前に述べた区分求積法では，いろいろな状態 U に関する和（積分）を計算するときに，その出現確率 $P(U)$ のことを考えずにすべての可能な U を（近似的に）作り出して和を実行しているので，大部分の U に対しては $P(U) \simeq 0$ になってしまう．つまり，計算している状態のほとんどが積分に寄与せずに，無駄になっているわけだ．このように，「真面目に」計算をやる区分求積法は現在考えている多自由度の積分には不向きである．もし，区分求積法のようにすべての状態 U を同等に扱うのではなく，確率 $P(U)$ が大きい状態 U だけを選択的に生成できれば，この多重積分を効率的に数値計算することができる．この考えは重要サンプリング (Improtance sampling) と呼ばれ，このような多重積分計算の基礎となっている．

実際にどのように重要サンプリングを行うかは，考えている多重積分に依存して違ってくるが，理想的には，状態 U の生成確率が $P(U)$ になるように次々と U を「ランダム」に生成していけば，もっとも効率が良い．「ランダム」にする必要があるのは，特定の限られた状態だけでなく，確率 $P(U)$ が大きくなる状態を偏り無く生成するためである．そのようにして生成された状態を順番に $U_1, U_2, \cdots, U_N$ とすると，物理量 $\mathcal{O}'$ の期待値は

$$\frac{1}{N}\sum_{i=1}^{N}\mathcal{O}'(U_i) = \sum_{U}\mathcal{O}'(U)P(U) + O\left(\frac{1}{\sqrt{N}}\right) \tag{4.65}$$

と近似的に計算でき，計算に使う状態の数 N を大きくすればどんどん近似が良くなる．

4.6.2 乱数

「ランダム」という条件を満たすためにはしばしば「乱数」が用いられる．

「乱数」とはサイコロを降って得られる数（この場合は6進数の数になる．コインの裏表なら2進数である）のようなものであり，予測不能であることが特徴である．計算機を使って乱数を作り出す場合は，決まった計算アルゴリズムに基づいて乱数を生成するので，次に出る数は完全に決まっており，（アルゴリズムを知ってさえいれば）予測可能である．そのため，計算機で生成される「乱数」は疑似乱数と呼ばれる．ここでは，面倒なので単に乱数と呼ぶ．疑似乱数であっても，アルゴリズムを知らずに，ただその数の出方を見ているだけでは，次に何が出るかを予想することはほぼ不可能である．また，決まったアルゴリズムで乱数を生成することにはメリットもある．それは同じ計算を繰り返すと同じ結果が得られるという計算の「再現性」が保証されていることであり，計算プログラムのチェック（デバッグ）などには極めて有効である．ここで，考える乱数は，一様乱数と呼ばれるもので，多数を集めたときに，それぞれの数の出現確率が同じになっている乱数である．他の乱数，例えば出現確率がガウス分布している乱数，などは一様乱数から生成することができる．

一様乱数を生成する方法はいろいろあるが，それぞれ長所と短所がある．例えば，線形合同乗算法と呼ばれる方法は，

$$I_n = AI_{n-1} + B \pmod{M} \tag{4.66}$$

という漸化式を使って整数 I_n を生成するアルゴリズムである．例えば，$A = 13$, $B = 3$, $M = 32$ ととり，初期値として $I_0 = 11$（これを初期乱数とか，乱数の種などと呼ぶ）とすると，

$$I_1 = 13 \times 11 + 3 \pmod{32} = 146 \pmod{32} = 18$$
$$I_2 = 13 \times 18 + 3 \pmod{32} = 237 \pmod{32} = 13$$
$$I_3 = 13 \times 13 + 3 \pmod{32} = 172 \pmod{32} = 12$$
$$I_4 = 13 \times 12 + 3 \pmod{32} = 159 \pmod{32} = 31$$
$$I_5 = 13 \times 31 + 3 \pmod{32} = 406 \pmod{32} = 22$$
$$I_6 = 13 \times 22 + 3 \pmod{32} = 289 \pmod{32} = 1$$
$$I_7 = 13 \times 1 + 3 \pmod{32} = 16 \pmod{32} = 16$$
$$I_8 = 13 \times 16 + 3 \pmod{32} = 211 \pmod{32} = 19$$

4.6 格子QCDの数値シミュレーション

$$I_9 = 13 \times 19 + 3 \pmod{32} = 250 \pmod{32} = 26$$
$$I_{10} = 13 \times 26 + 3 \pmod{32} = 341 \pmod{32} = 21$$
$$I_{11} = 13 \times 21 + 3 \pmod{32} = 276 \pmod{32} = 20$$
$$I_{12} = 13 \times 20 + 3 \pmod{32} = 263 \pmod{32} = 7$$
$$I_{13} = 13 \times 7 + 3 \pmod{32} = 94 \pmod{32} = 30$$
$$I_{14} = 13 \times 30 + 3 \pmod{32} = 393 \pmod{32} = 9$$
$$I_{15} = 13 \times 9 + 3 \pmod{32} = 120 \pmod{32} = 24$$
$$I_{16} = 13 \times 24 + 3 \pmod{32} = 315 \pmod{32} = 27$$
$$I_{17} = 13 \times 27 + 3 \pmod{32} = 354 \pmod{32} = 2$$
$$I_{18} = 13 \times 2 + 3 \pmod{32} = 29 \pmod{32} = 29$$
$$I_{19} = 13 \times 29 + 3 \pmod{32} = 380 \pmod{32} = 28$$
$$I_{20} = 13 \times 28 + 3 \pmod{32} = 367 \pmod{32} = 15$$
$$I_{21} = 13 \times 15 + 3 \pmod{32} = 198 \pmod{32} = 6$$
$$I_{22} = 13 \times 6 + 3 \pmod{32} = 81 \pmod{32} = 17$$
$$I_{23} = 13 \times 17 + 3 \pmod{32} = 224 \pmod{32} = 0$$
$$I_{24} = 13 \times 0 + 3 \pmod{32} = 3 \pmod{32} = 3$$
$$I_{25} = 13 \times 3 + 3 \pmod{32} = 42 \pmod{32} = 10$$
$$I_{26} = 13 \times 10 + 3 \pmod{32} = 133 \pmod{32} = 5$$
$$I_{27} = 13 \times 5 + 3 \pmod{32} = 68 \pmod{32} = 4$$
$$I_{28} = 13 \times 4 + 3 \pmod{32} = 55 \pmod{32} = 23$$
$$I_{29} = 13 \times 23 + 3 \pmod{32} = 302 \pmod{32} = 14$$
$$I_{30} = 13 \times 14 + 3 \pmod{32} = 185 \pmod{32} = 25$$
$$I_{31} = 13 \times 25 + 3 \pmod{32} = 328 \pmod{32} = 8$$
$$I_{32} = 13 \times 8 + 3 \pmod{32} = 107 \pmod{32} = 11$$

となり，乱数列

$$18, 13, 12, 31, 22, 1, 16, 19, 26, 21, 20, 7, 30, 9, 24, 26,$$

$$2, 29, 28, 15, 6, 17, 0, 3, 10, 5, 4, 23, 14, 25, 8, 11$$

を得る．$I_{32} = 11$ は初期乱数 I_0 と同じなので，これ以降は前と同じ乱数列しか得られない．したがって，この場合の周期は 32 であり，可能な最大周期である $M = 32$ と等しくなっている．また，作り方から奇数と偶数が交互に現れるという「規則性」がある．

実用上は M として計算機での最大整数をとれば，計算での桁溢れによって自動的に余剰計算 (mod) をやったことになるので都合が良い．このような操作で得られた整数の乱数 I_n を M で割れば，0 以上で 1 より小さい一様乱数を得ることができる．

実際の数値計算では，乱数の周期は長ければ長い程良い．そこでいろいろな周期の長い乱数を作るアルゴリズムが開発されてきた．例えば M 系列乱数と呼ばれるアルゴリズムの周期は 2^{100} 程度である．また，最近開発されたメルセンヌ・ツイスタと呼ばれる乱数の周期は $2^{29937} - 1$ である．

4.6.3 モンテカルロ法

乱数を使っていろいろな数値計算を行うことは，しばしば「モンテカルロ法」と呼ばれる．モンテカルロはヨーロッパのモナコ公国（フランスのニースの近くの小さな国）の町（地区）であり，そこにカジノがあることで有名である．乱数とサイコロやルーレットなどの偶然性を利用した賭博との関連からこの名前が付けられた．格子 QCD で使われる重要サンプリングは複雑で難しいので，ここでは，乱数を使って関数の定積分を数値計算する方法を通して，モンテカルロ法の考え方を紹介しよう．

関数 $f(x)$ を考えよう．簡単のために $0 \leq x \leq A, 0 \leq f(x) \leq B$ であるとする．xy 平面に $y = f(x)$ のグラフを書くと図 4.8 左のようになったとしよう．さて，$0 \leq z \leq 1, 0 \leq w \leq 1$ である 2 つの乱数を使い，$x = Az, y = Bw$ とすれば，$0 \leq x \leq A, 0 \leq y \leq B$ である一様乱数が生成できる．このような一様乱数の組 (x, y) に対して，もし，$y \leq f(x)$ なら 1，それ以外 $(y \geq f(x))$ なら 0 とする．つまり，点 (x, y) がグラフ $(x, f(x))$ より下だったら 1，上なら 0 とするわけである（図 4.8 左）．この操作を N 個の勝手な乱数の組に対して繰り返し行い，そのうちで 1 を与えた乱数の組の個数を M とする（図 4.8 右）．(x, y) は勝手な乱数なので，面積が $A \times B$ の長方形のなかにランダムにばらまかれる．し

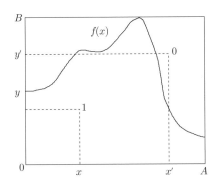
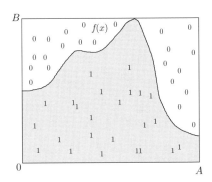

図 4.8 (左) (x,y) は $(x, f(x))$ より下にあるので 1, (x', y') は $(x', f(x'))$ より上にあるので 0 とする. (右) 点を増やすと $f(x)$ より下にある点の数の割合は, 影をつけた部分の面積, つまり, $f(x)$ の積分, に比例する.

たがって, N が十分大きくなれば, M/N はグラフ $f(x)$ の下側の面積と長方形全体の面積の比に近づいていくはずである. グラフの下側の面積は関数の定積分の値であるので,

$$\int_0^A dx\, f(x) = A \times B \times \frac{M}{N} + O\left(\frac{1}{\sqrt{N}}\right) \tag{4.67}$$

となる. N を増やせば, 数値計算の精度も上がっていく. このように乱数の性質を使って数値計算を行うのが, モンテカルロ法である.

4.6.4 格子 QCD のモンテカルロ法の手順

ここで, モンテカルロ法による格子 QCD の計算手順を簡単に整理しておこう.

1. (重要サンプリング) ゲージ場の配位 U を式 (4.64) で与えられる確率 $P(U)$ で生成する.
2. 生成されたゲージ場の配位 U を用いて, 物理量 $\mathcal{O}'(U)$ を計算する.
3. 1. に戻り, 同じ操作を繰り返す.
4. $U_1 \to U_2 \to \cdots \to U_N$ と十分多くの配位で計算を行ったら, 平均が

$$\bar{\mathcal{O}} \equiv \frac{1}{N}\sum_{i=1}^{N} \mathcal{O}'(U_i) = \langle 0|\mathcal{O}(U, \bar{\psi}, \psi)|0\rangle + O\left(\frac{1}{\sqrt{N}}\right) \tag{4.68}$$

と求められる. N が十分大きければ, その誤差は, 物理量の 2 乗平均,

$$\overline{\mathcal{O}^2} \equiv \frac{1}{N}\sum_{i=1}^{N}\{\mathcal{O}'(U_i)\}^2 \tag{4.69}$$

を使って，

$$\delta\bar{\mathcal{O}} \equiv \frac{1}{\sqrt{N-1}}\sqrt{\overline{\mathcal{O}^2} - \{\bar{\mathcal{O}}\}^2} \tag{4.70}$$

と計算され，確かに $N \to \infty$ では，$1/\sqrt{N}$ で誤差がゼロに近づく．

4.6.5 格子 QCD の数値シミュレーションの発展

格子 QCD は 1974 年にウィルソンによりその理論的定式化が提案され，1980 年にクロイツにより最初の数値計算が行われた．それ以降，格子 QCD の理論的発展，計算機シミュレーションアルゴリズムの進歩，ベクトル計算機や並列計算機などのスーパーコンピュータの計算能力の飛躍的向上，の 3 者があいまって，格子 QCD のシミュレーションは，提案当時からは思いもつかない高精度かつ多様な結果を生み出している．

例えば，1986 年頃のハドロン質量の最先端の研究では，クォーク対の生成消滅の寄与をいれない，つまり，$P(U)$ のなかで $\det D(U) = 1$ とするクエンチ近似の計算が行われていた．後で使われる用語を用いると 0 フレーバー QCD の計算である．また，格子体積も最大で $12^3 \times 24$ であり，クォークの質量も自然界よりもはるかに重く，π 中間子の質量で考えると 1 GeV 程度だった．これはアルゴリズムの関係で，軽いクォークでの計算により多くの時間がかかるため，当時の計算機の能力ではそれが限界だったのである．結果に関しても実験値との比較などはとてもできる段階ではなかった．

約 30 年後の現在では，3 つ，あるいは 4 つのクォークの寄与を取り入れた計算が行われ，π 中間子の質量は実験値 140 MeV とほぼ等しい値で，96^4 という巨大な格子体積での計算も存在する．この発展には，30 年間の計算機能力の発展だけでなく，軽いクォークの計算を加速させるアルゴリズムの開発などを含めた理論的な発展が寄与するところも大きい．また，ハドロンの質量だけでなく，より複雑な物理量の計算も行われるようになってきており，その部分に対する理論的な進展も見逃せない．

次章では，最新の結果を含めた格子 QCD の成果を紹介したい．

第5章 格子QCDによる数値計算の代表的な結果

この章では，格子 QCD の数値計算の代表的な結果について紹介する．

5.1 クォークの閉じ込め

前にも述べたように，QCD の相互作用のために遠距離ではクォークの閉じ込めという現象が起こると思われている．まず，この現象を格子 QCD の数値計算で調べた結果を紹介しよう．

クォークの閉じ込めを議論するために用いられるウィルソン・ループという物理量がある．ウィルソン・ループを閉じ込めと関連させるために，以下のような仮想的な過程を考える．まず，非常に重いクォークと反クォークを対生成させ，瞬時に距離 r だけ引き離す．クォークが非常に重いので，その後は空間的には同じ場所に留まり，時間だけが経過する．時間 t が経過した後で，クォークと反クォークを瞬時に同じ点に移動させ，対消滅させる．式 (4.56) を見ると，クォークが点 $\vec{n}$ から隣の点 $\vec{n} \pm \vec{\mu}$ に移動すると，ゲージ場 $U_{\vec{n},\pm\mu}$ が現れる．したがって，クォークが通った後には $U_{\vec{n},\mu}$ が，反クォークが通った後には $U_{\vec{n}+\vec{\mu},-\mu} = U_{\vec{n},\mu}^\dagger$ が残る．このことを考えると，上に述べた重いクォーク・反クォークの生成消滅過程では（クォークを積分した後で）$r \times t$ の長方形の上のリンク変数の積のトレース $W(C = r \times t) \equiv \mathrm{Tr} \prod_C U$ が残ることになる．ここで，$\prod_C U$ は閉じたループ C 上のリンク変数 $U_{\vec{n},\mu}$ の順序を決めた積である（図 5.1）．この量はウィルソン・ループと呼ばれ，明らかにゲージ不変な量である．

ウィルソン・ループの期待値は，クォーク・反クォーク間の静的ポテンシャル $V(r)$ に対して

$$\langle W(C) \rangle \to Z \exp[-tV(r)], \quad t \to \infty \tag{5.1}$$

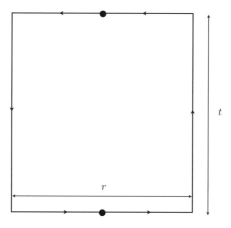

図 5.1 ウィルソン・ループの模式図.

という関係にある．ただし，期待値は

$$\langle \mathcal{O}(U) \rangle \equiv \sum_U \mathcal{O}(U) P(U) \tag{5.2}$$

を意味する．つまり，ウィルソン・ループの期待値が計算できれば，クォーク・反クォーク間のポテンシャル（その距離に関する微分が力）を求めることができるわけだ．

計算された期待値が，$\langle W(C) \rangle \to Z \exp[-crt]$ と振る舞う場合を面積則（rt は長方形の面積）と呼び，このとき，ポテンシャルは $V(r) = cr$ となる．この場合は，クォークと反クォークを引き離そうとするとその距離に比例したエネルギーが必要になる．したがって，マクロな距離まで引き離すには膨大なエネルギーが必要になり，「クォークの閉じ込め」を表していると考えられる．一方，$\langle W(C) \rangle \to Z \exp[-d(r+t)]$ の場合は周辺則（$2(r+t)$ は長方形の辺の長さ）と呼ばれ，この場合は $V(r) = d$ となり，クォーク・反クォーク対を引き離すのにさほどエネルギーを必要としないので非閉じ込めを意味する．つまり，ウィルソン・ループの期待値が面積則に従うか，周辺則に従うかで，閉じ込め，非閉じ込めのどちらになるかが決まるのである．

前にも述べたように，$U_{\vec{n},\mu}$ はグルーオン A_μ を無限個含んでいる．したがって，ウィルソン・ループの期待値をグルーオン場 A_μ で考えたとすると，ウィルソン・ループ上の任意の点から任意の点にグルーオンが何本も飛んでいる図の

無限個の足し合わせになっていることがわかる．したがって，摂動展開で計算することは不可能であり，格子 QCD での計算が必要となることが実感できる．

ウィルソン・ループの期待値を格子 QCD のモンテカルロシミュレーションで計算し，そこから引き出した静的ポテンシャル $V(r)$ の結果を以下に紹介する．

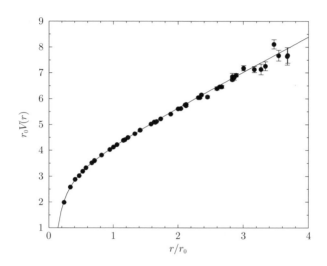

図 **5.2** クォーク・反クォーク間に働く静的ポテンシャルの距離 r 依存性．縦軸，横軸とも $r_0 \simeq 0.5\mathrm{fm}$ という基準の長さを用いて，無次元化してある．CP-PACS Collaboration, A. Ali Khan *et al.*, Phys. Rev D65 (2002) 054505. より．

図 5.2 は，私が所属していた CP-PACS Collaboration という日本の研究グループの $V(r)$ の結果である．これは，アップクォークとダウンクォークの 2 つのクォークの寄与を含めた計算で，2 フレーバー格子 QCD の計算と呼ばれている．ここでは 2 つのクォークは同じ質量にとって計算をしており，そのときの π 中間子の質量は約 610 MeV（MeV=10^6 eV（エレクトロン・ボルト））である．この値は，自然界の値である約 140 MeV よりかなり重いが，その理由は，軽い π 中間子での格子 QCD は計算コストが高く，当時の計算機では実行が難しかったためである．4 次元格子点の数は $24^3 \times 48$ であり，格子間隔は $a \simeq 0.11$ fm なので，空間 1 辺の大きさは $La \simeq 2.6$ fm である．縦軸はポテンシャルの値 $V(r)$，横軸は空間距離 $r = \sqrt{x^2+y^2+z^2}$ であるが，基準の長さ $r_0 \simeq 0.5$ fm を用いて両軸とも無次元化している．

ここで得られた静的ポテンシャル $V(r)$ は遠距離でほぼ直線であり，クォーク・反クォーク間の距離を引き離すために必要なエネルギーが距離に比例して増大することを意味している．したがって，このポテンシャルは確かにクォークの閉じ込めを示している．図 5.2 の実線は $V(r)$ を

$$V(r) = V_0 + \sigma r - \frac{\alpha}{r} \tag{5.3}$$

という関数形でフィットしたものである．1 次関数から大きくずれている近距離の振る舞いは 3 番めの $1/r$ の項で良く記述されている．この項は，クーロン力のポテンシャルと同じ形をしているので，クーロン項と呼ばれている．この項は，摂動展開の図 5.3 のように 1 つのグルーオン交換の寄与から出てくるものであり，その場合は $\alpha = g^2/4\pi$ となる．近距離で摂動展開での記述が見えてきていることは，近距離で相互作用が弱くなって自由粒子に近づくという漸近的自由性に対応しており，それがポテンシャル $V(r)$ の振る舞いに現れていることを示している．2 番めの項が閉じ込めを意味する線形項であり，その比例係数 σ は弦の張力と呼ばれている．この名前は，弦の両端にクォークと反クォークがついている模型によりクォークの閉じ込めを理解すると，弦の張力に当たる部分がポテンシャルの線形項の係数になることからきている．

いくつかの格子間隔 a で σ を計算し，$a \to 0$ の連続極限をとっても，σ はゼロにならないことが数値的に確かめられている．もちろん，$a \to 0$ の外挿なので

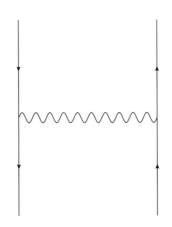

図 5.3　クーロン項を与えるグルーオン交換のファインマン図．左の実線が反クォーク，右の実線がクォークであり，波線がグルーオンを表す．

不定性があり，クォークの閉じ込めを「証明」したことにはならないが，QCDでクォークの閉じ込めが成り立っていることはほぼ間違いないと思われる．

力学的クォークを含む場合，静的ポテンシャル $V(r)$ は，遠方では距離 r とともに増大せず，一定値に収束していくはずである．これは，クォーク・反クォークを引き離すために引っ張っていく（つまり，エネルギーを注入していく）とある時点で軽いクォーク・反クォーク対が生成され，ウィルソン・ループが表している重いクォーク・反クォークと結合し，2つの中間子が生成されるからである．したがって，$V(r_{max}) = 2m_{HL}$ となる r_{max} 付近で，ポテンシャルは一定値 $2m_{HL}$ になると予想される．ここで，m_{HL} は重いクォークと軽い反クォーク（あるいはその逆）で作られた中間子の質量である．弦を使った模型による理解では，クォーク・反クォークを引き離そうと引っ張るとあるところで弦が切れて，切り口のところにまたクォーク・反クォークが生成され，クォーク・反クォーク付けた2つの弦（中間子）に分離した，と考えるのである．前に載せた図3.7を見てほしい．残念ながら，このような振る舞いをシミュレーションできちっと見ることはできていない．それは，ウィルソン・ループから2つの中間子に変化するためには，非常に大きな t が必要であり，実際のシミュレーションでは統計誤差のためにそのような大きな t での計算を実行することが難しいからである．

クォークの閉じ込めを数学的に厳密に示すことは難しく，いまだに証明されていない．この問題は20世紀の数学未解決問題（ミレニアム問題）の1つになっており，これを証明した人には約1億円の賞金が贈られるとのことである．

5.2 カイラル対称性の自発的破れ

前章で紹介したクォークの閉じ込めは，非摂動的なQCDとしてもっとも重要な性質の1つであるが，そこで重要な役割を果たしたのは主にグルーオンであった．閉じ込めを議論した際に使ったウィルソン・ループは（無限に）重いクォーク・反クォーク間のポテンシャル（静的ポテンシャル）なので，クォークはテスト粒子としての意味しかなく，QCDの力学には影響を与えていない．

QCDの力学的な性質として，クォークの閉じ込めと並んで重要なものに「カイラル対称性の自発的破れ」と呼ばれる現象がある．カイラル対称性とは，ゼ

口質量のスピン 1/2 のフェルミ粒子が持つ対称性であり，進行方向に対して右巻きに回転（スピン）しているか，左巻きにスピンしているかを区別する対称性である．もし，フェルミ粒子に質量があるとすると，カイラル対称性は成り立たなくなる．この事実は直感的（古典力学的）には以下のように理解できる．質量がゼロの場合，粒子は光速で進むので，進行方向に対して左巻き，右巻きというのは誰から見ても変わらない．しかしながら，質量がある場合は，その速度が有限なので，止まっている人からその粒子を見たときにフェルミ粒子が左巻きにスピンしていたとしても，そのフェルミ粒子と同じ方向でそれより早く移動している人から見ると，粒子は逆向きに進んでいるので，スピンと進行方向の関係は逆，つまり，右巻きにスピンしていることになる．つまり，質量がゼロで無い場合は，右巻き，左巻きというのが，それを観測する人（座標系）に依存してしまうのである．量子論を考えてもこの事情は同じで，QCD の作用は，質量項が無い場合はカイラル対称性を持つが，質量項によってその対称性が壊れてしまう．

　カイラル対称性を式として見てみよう．QCD の作用のクォーク部分は

$$S_F = \int d^4x \sum_{f=1}^{N_f} \bar{\psi}_f(x) \left(\gamma^\mu D_\mu + m \right) \psi_f(x) \tag{5.4}$$

である．ただし，フレーバー f は，$u, d, s, \cdots$ などの名前ではなく，数字を用いて表している．つまり $f=1$ は u（アップ），$f=2$ は d（ダウン）などである．4 つのガンマ行列の積 $\gamma_5 = \gamma_1 \gamma_2 \gamma_3 \gamma_4$ はすべてのガンマ行列 $\gamma_\mu (\mu = 1, 2, 3, 4)$ と反可換，つまり，$\gamma_5 \gamma_\mu = -\gamma_\mu \gamma_5$ であり，$\gamma_5^2 = 1$ を満たす．この γ_5 を使って定義される $P_R = (1+\gamma_5)/2$, $P_L = (1-\gamma_5)/2$ はカイラル射影演算子と呼ばれ，$P_R^2 = P_R$, $P_L^2 = P_L$, $P_R P_L = 0$, $P_R + P_L = 1$ を満たす．添字 R, L は右巻き (Right-handed)，左巻き (Left-Handed) を表す．この射影演算子を用いると，カイラル変換は以下のように表せる．

$$\psi_f \to \psi'_f = R_{fg} P_R \psi_g + L_{fg} P_L \psi_g, \tag{5.5}$$

$$\bar{\psi}_f \to \bar{\psi}'_f = \bar{\psi}_g P_L R^\dagger_{gf} + \bar{\psi}_g P_R L^\dagger_{gf}. \tag{5.6}$$

ここで，R, L は SU(N_f) 行列であり，$RR^\dagger = R^\dagger R = 1$, $LL^\dagger = L^\dagger L = 1$ を満たす．また，添字 g に関しては，和が省略されていることに注意．$P_R \psi$, $P_L \psi$ は

それぞれディラック場 ψ の右巻き成分，左巻き成分と呼ばれている．$\bar{\psi}$ の右巻き成分は $\bar{\psi}P_L$，左巻き成分は $\bar{\psi}P_R$ であり，ψ とは逆になっている．共変微分の項は，このカイラル変換で不変であることは以下のように示せる．

$$\begin{aligned}\bar{\psi}'_f \gamma^\mu D_\mu \psi'_f &= \bar{\psi}_g (P_R L^\dagger_{gf} + P_L R^\dagger_{gf}) \gamma^\mu D_\mu (R_{fh} P_R + L_{fh} P_L) \psi_h \\ &= \bar{\psi} \gamma^\mu D_\mu (R^\dagger R P_R + L^\dagger L P_L) \psi = \bar{\psi} \gamma^\mu D_\mu \psi. \end{aligned} \quad (5.7)$$

ここで，γ_5 の反可換性から，$P_R \gamma^\mu = \gamma^\mu P_L, P_L \gamma^\mu = \gamma^\mu P_R$ を用いた．また，フレーバーの添字 f, g, h はなるべく省略するように書いている．一方，質量項は不変ではない．

$$\begin{aligned} m\bar{\psi}'\psi' &= m\bar{\psi}(P_R L^\dagger + P_L R^\dagger)(RP_R + LP_L)\psi_h \\ &= m\bar{\psi}(L^\dagger R P_R + R^\dagger L P_L)\psi. \end{aligned} \quad (5.8)$$

質量がゼロの場合の対称性は，$\mathrm{SU}(N_f)_R \otimes \mathrm{SU}(N_f)_L$ のカイラル対称性と呼ばれている．

対称性の自発的破れというのは，真空が理論の持つ対称性を尊重しない場合であり，物性物理でしばしば現れる概念である．例えば，鉄などが磁石になる現象（磁化）は，ミクロなレベルで見ると，物体中の電子のスピンが一定の方向に揃うことで生じると考えられている．自然は空間回転に対して不変であるにもかかわらず，基底状態（エネルギーの一番低い状態）のスピンが揃うことで特定の方向が選ばれてしまい，回転対称性が壊れてしまう．これが自発的な対称性の破れの典型的な例であり，このとき生じる磁化は自発磁化と呼ばれ，外部からかけられた磁場が無くてもゼロにならない．自発的破れという考えを素粒子物理学に導入したのが，南部陽一郎博士である．前にも述べたように，クォークの質量がゼロの場合，QCD の作用はカイラル対称性を持つが，その基底状態（真空）がカイラル対称性を破るのでは，と考えたのである．これが，「カイラル対称性の自発的破れ」である．

QCD ではその相互作用により $\bar{\psi}\psi$ の真空期待値がゼロで無い値を持つことでカイラル対称性が自発的に破れると考えられている．式 (5.8) で見たように，$\bar{\psi}\psi$ は，カイラル変換で不変ではないので，対称性が成り立っていればその期待値はゼロになるはずである．有限体積 V で対称性は自発的には破れないので，質量 m を入れていったんカイラル対称性を破っておき，

$$\lim_{m \to 0} \lim_{V \to \infty} \langle 0|\bar{\psi}(x)\psi(x)|0\rangle \tag{5.9}$$

と無限体積極限の後，ゼロ質量極限をとり，それでもゼロで無ければ，カイラル対称性が自発的に破れている，と判定する．

南部はさらに，「カイラル対称性が自発的に破れると質量がゼロでスピンがゼロの粒子が現れる」ことも示した．これを南部・ゴールドストーンの定理と言う．この質量がゼロの粒子は，しばしば南部・ゴールドストーン粒子と呼ばれる．南部はさらに，π 中間子が，南部・ゴールドストーン粒子ではないか，と考えた．

QCD で，$\langle 0|\bar{\psi}\psi|0\rangle \neq 0$ でも，$L = R$ という変換に対する不変性は壊れていない．この変換のことをベクトル $\mathrm{SU}(N_f)$ 対称性と呼び，$\mathrm{SU}(N_f)_V$ などと書く．つまり，対称性の破れのパターンは

$$\mathrm{SU}(N_f)_R \otimes \mathrm{SU}(N_f)_L \Rightarrow \mathrm{SU}(N_f)_V \tag{5.10}$$

であり，そのとき現れる南部・ゴールドストーン粒子の数は，破れる対称性の生成子の数，今の場合は $N_f^2 - 1$，となる．u, d のみを考えると $N_f = 2$ なので，3 つの南部・ゴールドストーン粒子が現れるが，それが π^0, π^+, π^- の 3 つである．

実際の π 中間子の質量はゼロではないが，他のハドロンに比べて非常に質量が小さい．その小さな質量は，クォーク質量によりカイラル対称性が壊されている効果であると考えられる．実際，この考え方に基づいて π 中間子の質量 m_π を計算すると，

$$m_\pi^2 \propto m \langle 0|\bar{\psi}\psi|0\rangle \tag{5.11}$$

という関係式が導かれる．確かに，クォーク質量 m がゼロになると π 中間子の質量もゼロになるので，π 中間子は南部・ゴールドストーン粒子と考えられる．別の言い方をすると，π 中間子の質量は，他のハドロンの質量を決めている QCD のスケール（閉じ込めなどの非摂動的性質が重要になる距離）ではなく，π 中間子を構成するクォークの質量から決まるために，他のハドロンより軽くなっているのである．これが，南部の推論であった．

南部が提案したカイラル対称性の自発的破れが本当に起こっていることを，QCD の計算で示すことは容易ではなかったが，近年の格子 QCD の数値計算の

発展によって，それが可能になった．以下ではその計算結果を紹介する．

QCDでカイラル対称性が自発的に破れていることを見るには，真空期待値 $\langle 0|\bar{\psi}\psi|0\rangle$ を計算して，その値がクォーク質量をゼロにする極限（カイラル極限と呼ぶ）でゼロにならないことを示せばよい．クォーク場の質量項である $\bar{\psi}\psi$ は，前に述べたように，カイラル対称性を壊すので，真空 $|0\rangle$ がカイラル対称性を破らない限り，その期待値はゼロになることが示される．この期待値は，以下では Σ と書く．逆に，Σ がゼロでないことが言えれば，真空がカイラル対称性を破ったことを意味しており，カイラル対称性の自発的破れが起きたことがわかる．

2点関数の計算が必要な質量などに比べて，1点関数である $\Sigma = \langle 0|\bar{\psi}\psi|0\rangle$ の計算は簡単に思えるが，実は格子QCDの計算でカイラル対称性の自発的破れをきちっと示したのは比較的最近のことである．その理由の1つは，格子上でカイラル対称性を保ったクォーク場の定義が難しかったことがあげられるが，この問題はかなり技巧的になるので，ここでは触れない．興味のある方は文献 [2,3] を見て頂きたい．

格子上でカイラル対称性を議論するのに適したオーバーラップ・クォークを用いた計算を紹介しよう．図5.4は，カイラル秩序変数 Σ のクォーク質量依存性を図示したもので，上の図はクォーク質量が m_{ud} である力学的クォークが2つある場合（前にも述べたが2フレーバーのQCDと呼ばれる）の結果であり，下の図には質量が m_{ud} のクォークが2つ，質量が m_s のクォークが1つある場合（2+1フレーバーQCDと呼ばれる）の結果を載せている．図には Σ_{eff} とあるが，これはクォーク質量 m_{ud} の依存性を含んだ真空期待値 Σ という意味である．$m_{ud} = 0$ での Σ の値を求めるには，$m_{ud} \to 0$ というカイラル外挿を行うことが必要である．この研究では，クォーク質量が小さい場合に有効であるカイラル摂動論から導かれる関数形を用いて数値データをフィットしている．どのデータ点を使うかによっていろいろなフィットができるので，図にはいくつかのフィットの結果を載せている．いずれの場合でも，$m_{ud} \to 0$ の極限で $\Sigma \neq 0$ となっている．つまり，カイラル対称性の自発的破れが起こることが，格子QCDの数値シミュレーションで示されたのである．上の図の外挿値は，$m_{ud} = 0$ の値であるので，その値のすべてがカイラル対称性の自発的破れの効果を表している．しかしながら，下の図の外挿値は，$m_{ud} = 0$ であっても $m_s \neq 0$ での値なので，ストレンジクォーク質量 m_s によるカイラル対称性の破れの寄与を含

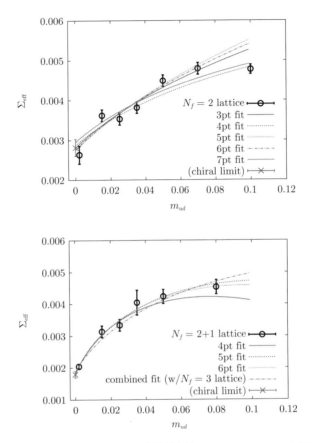

図 5.4　カイラル秩序変数 Σ のクォーク質量依存性. JLQCD and TWQCD collaborations, H. Fukaya et al, Phys.Rev.D83 (2011) 074501 より引用.

んでいる.

上に紹介した結果以外にも，オーバーラップ・クォークを使って別の計算で，やはりゼロでない Σ が得られており，その値は，上の結果と誤差の範囲で一致している．Σ は質量次元が 3 であり，また，その値は繰り込みのスケールに依存するが，そのスケールを 2 GeV にすると，$\Sigma \simeq (240 \sim 260\,\mathrm{MeV})^3$ という値が得られている．

カイラル対称性の自発的破れは，π 中間子の小さな質量を説明するだけでなく，より具体的に $m_\pi^2 \propto m\Sigma$ という関係式も与える．さらに，π 中間子だけで

なく，他のハドロンの質量の起源を説明するのにも重要な役割も担っている．例えば，アップクォーク u とダウンクォーク d で構成されている陽子や中性子などの核子を考えよう．核子はクォークを3つ含んでいるので，単純に考えると，核子の質量 m_N は ud クォーク質量 m_{ud} を使って，$m_N \simeq 3m_{ud}$ となるはずである．こう考えると，$m_N \simeq 900$ MeV なので，$m_{ud} \simeq 300$ MeV と推論される．しかしながら，パイ中間子の質量や Σ の値などから m_{ud} を評価すると，$m_{ud} < 10$ MeV となり，とても核子の質量 900 MeV を説明できない．ここでカイラル対称性の自発的破れが重要になってくる．QCD の作用に現れるクォーク質量 m はパイ中間子の小さな質量を説明するためには小さいことが必要であるが，核子などのハドロンが感じる有効クォーク質量は，m だけでなくカイラル対称性の自発的破れの寄与も含んでいるので m より大きくなる，と考えるのである．つまり，$m_{ud} \simeq m + \Sigma^{1/3}$ である．実際，$\Sigma^{1/3} \simeq 240 \sim 260$ MeV だとすると，有効クォーク質量も同程度になり，核子の質量 $m_N \simeq 900$ MeV をほぼ説明できる（実際，このような考えが成り立つことは，QCD を簡略化したモデルにより示されている）．この考えが正しいとすると，$m = 0$ としてもパイ中間子以外のハドロンの質量はゼロにならないはずであり，実際，格子 QCD の数値計算でそのことが確かめられている．大きな有効質量を持つクォークは「ハドロンの構成要素としてのクォーク」と呼ばれ，QCD 作用に現れるもともとのクォークとは区別されている．構成要素としてのクォークを使ってハドロンの質量やいろいろな性質を説明する模型は，クォーク模型と呼ばれ，一定の成果を挙げてきたが，最近の実験結果などによってその限界も明らかになりつつある．クォーク模型による定性的なハドロン理解の時代から，計算機科学の進展により，格子 QCD の数値計算でハドロンの性質を定量的なレベルで導き出せる時代になったのである．

5.3　ハドロン質量

この章の最後の話題として，ハドロン質量の計算結果を紹介しよう．前にも述べたように，ハドロンはクォークの束縛状態であり，ここでは，比較的質量の軽い u, d, s の3つのクォークを考える．このとき，クォークと反クォークの束縛状態であるメソンと3つのクォークの束縛状態であるバリオンが現れるが，

その代表的な例はすでに表 2.1 に載せた．この表中の一部の粒子は，強い相互作用により他の粒子に崩壊するものがあり，安定な粒子ではなく，共鳴状態になっている．

最初に紹介する格子 QCD シミュレーションは，3 つのクォークのうち，u, d の質量は等しいとして，その平均質量で置き換えたものである．したがって，自由にとれるパラメタは，$m_l = (m_u + m_d)/2, m_s, g^2$ である．先にも述べたように，このような理論は 2+1 フレーバー QCD と呼ばれるが，後で紹介する結果に出てくるハドロンの基底状態を表 5.1 に載せておく．

表 5.1 2+1 フレーバー QCD に現れるハドロンの基底状態．

名前	クォーク	スピン
メソン		
π	$\bar{u}u - \bar{d}d, \bar{d}u, \bar{u}d$	0
K	$\bar{s}d, \bar{d}s, \bar{s}u, \bar{u}s$	0
ρ	$\bar{u}u - \bar{d}d, \bar{d}u, \bar{u}d$	1
$K^\star$	$\bar{s}d, \bar{d}s, \bar{s}u, \bar{u}s$	1
ϕ	$\bar{s}s$	1
バリオン		
N	uud, udd	1/2
Λ	uds	1/2
Σ	uus, uds, dds	1/2
Ξ	uss, dss	1/2
Δ	uuu, uud, udd, ddd	3/2
$\Sigma^\star$	uus, uds, dds	3/2
$\Xi^\star$	uss, dss	3/2
Ω	sss	3/2

5.3.1 ハドロン質量計算の手順

格子 QCD でハドロン質量を計算するには以下の手順が必要である．

1. まず，パラメタ（今の場合は g^2, m_l, m_s の 3 つ）を固定して格子 QCD のシミュレーションを行い，ハドロンの 2 点関数を計算する．
2. ハドロンの 2 点関数の遠方での振る舞いから，質量を求める．例えば，ハドロン H の 2 点関数は，運動量がゼロの場合，

$$G_H(t) \simeq Z_H e^{-m_H t}, t \to \infty \tag{5.12}$$

と振る舞うので，大きな t での 2 点関数の振る舞いから，ハドロン質量を引き出すことができる．

3. g^2 を固定して，クォーク質量 m_l と m_s を変えていくつかの値で上記の計算を行い，ハドロン質量の m_l や m_s の依存性を調べる．

4. ハドロン質量の m_l と m_s に対する依存性を用いて，3 つの粒子が実験で観測される質量になる m_l と m_s を求める．例えば，簡単のために，パイ中間子，ρ 中間子，Ω バリオンの 3 つを考え，その質量のクォーク質量依存性を以下のように仮定しよう．

$$(m_\pi a)^2 = B_\pi M_l, \qquad B_\pi = b_\pi a \tag{5.13}$$

$$m_\rho a = A_\rho + b_\rho M_l, \qquad A_\rho = a_\rho a \tag{5.14}$$

$$m_\Omega a = A_\Omega + b_\Omega M_s, \qquad A_\Omega = a_\Omega a \tag{5.15}$$

ここで，$M_l = m_l a$，$M_s = m_s a$ は無次元のクォーク質量であり，格子 QCD の数値計算で得られるハドロン質量は無次元量であることから，格子間隔 a を用いて，無次元の量の間の関係式として書いている．また，パイ中間子は，南部・ゴールドストーン粒子であるので，その質量の 2 乗がクォーク質量に比例することを使っている．上の式は理想化されたものであり，実際は，クォーク質量の 2 次以上の項が存在してもっと複雑な式になる．格子 QCD の計算で決まるのは，無次元の係数 $A_{\rho,\Omega}, B_\pi, b_{\rho,\Omega}$ などである．今，未知数は，m_l, m_s, a の 3 つなので，上の 3 つの式を用いれば，3 粒子の質量の実験値を再現するパラメタが求まる．それを $m_{l,s}^{\mathrm{phy}}, a^{\mathrm{phy}}$ とする．

5. 他のハドロンの質量はそのクォーク質量依存性が

$$m_H a = f_H(m_l a, m_s a) \tag{5.16}$$

とわかっているとすると，

$$m_H^{\mathrm{phy}} = \frac{f_H(m_l^{\mathrm{phy}} a^{\mathrm{phy}}, m_s^{\mathrm{phy}} a^{\mathrm{phy}})}{a^{\mathrm{phy}}} \tag{5.17}$$

と求まる．これが格子 QCD の予言である．ただし，この予言は有限の格子間隔 a^{phy} での値なので，連続理論の QCD の結果に一致するとは限らない．3,4,5 の操作をまとめて「カイラル外挿」と呼ぶ．

6. 有限の格子間隔に起因する誤差を取り除くため，いくつか異なった格子間隔 $a^{\rm phy}$ でハドロン質量を計算する．格子間隔を変えるには，結合定数 g^2 を変えればよい．つまり，結合定数 g^2 を変えて，上に述べた 1-5 の計算を繰り返すのである．有限の $a^{\rm phy}$ でのハドロン質量を $m_H^{\rm phy}(a^{\rm phy})$ と書くとすると，この値を $a^{\rm phy} \to 0$ に外挿して

$$\lim_{a^{\rm phy} \to 0} m_H^{\rm phy}(a^{\rm phy}) = m_H^{\rm phy}(0) \tag{5.18}$$

と連続理論の QCD でのハドロン質量 $m_H^{\rm phy}(0)$ を得ることができる．この $a^{\rm phy} \to 0$ への外挿を「連続極限」(への外挿) と呼ぶ．$m_H^{\rm phy}(a^{\rm phy})$ の関数形がわかっているわけではないので，連続極限を実際に実行することは容易ではない．

7. ハドロン質量以外の量でもカイラル極限，連続極限をとることで，格子 QCD から QCD の物理量の予言値を引き出すことができる．例えば，$m_l^{\rm phy}$, $m_s^{\rm phy}$ に関する連続極限をとれば，QCD でのクォーク質量の値が計算できる．

5.3.2 2+1 フレーバー QCD の最近の結果

さて，2+1 フレーバー QCD の最近の結果を紹介しよう．

図 5.5 に 2+1 フレーバー格子 QCD を用いたハドロン質量の計算結果の 1 つを載せる．この結果は，著者も属する日本の研究グループである PACS-CS Collaboration により計算されたハドロン質量である．この計算は，格子間隔を $a = 0.09$ fm と固定した計算であり，したがって，有限の a に起因した誤差は残っている．この計算では，格子の 1 辺の長さ $L = 2.9$ fm で，計算で使われた π 中間子の最小値は，$m_\pi^{\rm min.} = 156$ MeV であり，物理的な π 中間子の質量 140 MeV とほぼ等しい．そのため，カイラル外挿のよる不定性はほとんどない．この計算では，軽いクォーク質量 m_l, ストレンジクォーク質量 m_s, 格子間隔 a を決めるのに，π 中間子の質量，K 中間子の質量，Ω バリオンの質量を用いている．したがって，それ以外のハドロンの質量が格子 QCD による予言値であり，図では丸で書かれている．実験値は横棒で示されており，若干のずれはあるが，誤差の範囲で格子 QCD の予言値と実験値は一致している．この結果により，格子 QCD の計算の正しさは示されたと言えよう．ただし，π 中間子のコンプトン波長 $(1/m_\pi)$ と格子の 1 辺の長さ L との比は，$m_\pi^{\rm min.} L = 2.3$ とあまり

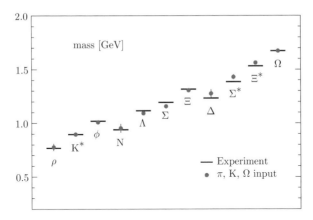

図 5.5 $2+1$ フレーバー格子 QCD の軽いハドロン質量の計算の例 1. PACS-CS Collaboration の結果 (GeV 単位). PACS-CS Collaboration, S. Aoki et al., Phys. Rev. D79 (2009) 034503 の結果を基に作成.

大きくない．経験的には，$m_\pi^{\min.} L \geq 4$ であれば，(多くの) 物理量に対する π 中間子による有限体積効果は小さいことが知られている．一辺の長さを $L \simeq 5.8$ fm と大きくし，π 中間子の質量を実験値である $m_\pi \simeq 140$ MeV に合わせた計算も行われている．つまり，カイラル外挿が不要な格子 QCD 計算が実現できる時代になってきたのである．

図 5.6 は，ヨーロッパの研究グループである BMW Collaboration によるハドロン質量の計算結果である．ここでは，一番軽い場合の π 中間子の質量は，$m_\pi^{\min.} = 190$ MeV と前述の PACS-CS Collaboration の場合より若干重いが，すべての計算で $m_\pi L \geq 4$ が満たされており，格子体積は十分な大きさを持っている．特筆すべきことは，$a \to 0$ という連続極限がとられていることであり，有限の格子間隔 a に起因する誤差が取り除かれていることである．したがって，計算結果は QCD の予言であるということができる．この計算では，m_l, m_s, a を決めるのに，m_π, m_K, m_Ξ（図の白抜きの○）を用いているので，それ以外が予言値である．図からわかるように，誤差の範囲でハドロンの実験値を再現しており，QCD がハドロンを記述する正しい理論であることを示している．

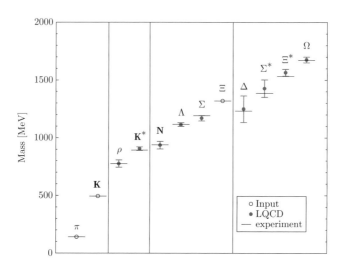

図 5.6 2+1 フレーバー格子 QCD の軽いハドロン質量の計算の例 2．BMW Collaboration の結果（MeV 単位）．S. Dür *et al.*, SCIENCE 322 (2008) 1224 の結果を基に作成．

5.3.3　アップクォークとダウンクォークの質量差を入れた計算

最後に，アップクォークとダウンクォークの質量差を入れた計算を紹介しよう．u, d クォークはアイソスピンという変換で結びついているため，両者の質量が等しい場合は，アイソスピン対称性があるという．この場合は，陽子と中性子は区別ができず，その質量は等しい（u と d を入れ替えると，陽子と中性子が入れ替わる）．この場合は，陽子と中性子はアイソスピンの 2 重項であるという．同様に，3 つのパイ中間子 $\pi^0, \pi^\pm$ は，アイソスピンの 3 重項であり，$m_u = m_d$ であれば，その質量は等しい．自然界では，陽子と中性子の質量はわずかに異なる．これはアイソスピン対称性のわずかな破れを意味しており，その原因は，$m_u \neq m_d$ とクォーク質量が異なっているためだけではなく，電磁相互作用 (QED) の電荷が異なるからである．前にも述べたように，$e_u = 2e/3$, $e_d = -e/3$ である．陽子と中性子の質量のわずかな差は重要である．中性子はベータ崩壊で自然に陽子に壊れるが，その逆は自然には起こらず，何らかの形で外からエネルギーをつぎ込む必要がある．これは，陽子が中性子より軽いからである．水素の原子核などが安定に存在できるのはそのためである（実際には，原子核内ではベータ崩壊も抑制されるので，中性子を含む原子核の多くは

ほぼ安定である).

u,d のクォーク質量差と QED の両者のアイソスピンの破れの効果を簡単に評価してみると同程度の寄与になる．したがって，単に $m_u \neq m_d$ として格子 QCD の計算をするだけでは不十分で，QED の効果を取り入れた計算をする必要がある．このことが，$m_u \neq m_d$ での格子 QCD 計算をより難しくしている．逆に，QED の効果だけだと，電荷を持つ陽子の方が，電荷を持たない中性子より重くなってしまうので，陽子を中性子より軽くするのは，電荷だけでなく，クォーク質量の差も重要である．

u,d の質量差と QED の両方を取り入れた計算で必要になるパラメタは，m_u, m_d, m_s, g^2, e^2 の 5 つである．これらのパラメタを固定するには，5 つの物理量が必要になる．このような計算を，1+1+1 フレーバーの格子 QCD+QED 計算と呼ぶ．2+1 フレーバー QCD の計算がほぼ完成に近づいていくなかで，1+1+1 フレーバーの格子 QCD+QED 計算も徐々に行われるようになってきた．ここでは，計算の詳細には触れずに，最新の結果を紹介しよう．

ここで紹介するのは，BMW Collaboration による 1+1+1+1 フレーバーの格子 QCD+QED 計算である．u,d,s だけでなく，チャームクォークも考慮に入れた計算であり，したがって，m_c もあるので，パラメタは 6 つ，必要な物理量のインプットも 6 つである．この計算では，6 つの物理量としては，$\pi^+ = (\bar{d}u)$, $K^+ = (\bar{s}d)$, $K^0 = (\bar{s}d)$, $D^0 = (\bar{u}s)$ の 4 つの中間子の質量と，$\Omega = (sss)$ バリオンの質量，微細構造定数（電荷）$\alpha = e^2/4\pi$ が使われている．微細構造定数の実験値は $\alpha^{-1} = 137.036$ である．

図 5.7 はこの計算で得られたアイソスピンの破れを示す質量差の結果である．すでに，カイラル極限と連続極限への外挿が行われており，QCD による予言値であると言える．$\Delta N = m_n - m_p$ は，中性子と陽子の質量差であり，前にも述べたように原子核の安定性に関係するだけでなく，宇宙での元素合成の歴史にも影響を与える．丸が QCD による予言で横棒が実験値である．QCD の結果の方が若干大きいが，誤差の範囲で，実験値を再現している．$\Delta\Sigma = m_{\Sigma^-} - m_{\Sigma^+}$ は，$\Sigma^+ = (sdd)$ と $\Sigma^+ = (suu)$ の質量差であるが，これも実験値をほぼ再現している．$\Xi^- = (ssd)$ と $\Xi^0 = (ssu)$ の質量差である $\Delta\Xi = m_{\Xi^-} - m_{\Xi^0}$ は，実験値を再現しているだけでなく，その誤差はグレーのバンドで示されている実験値の誤差より小さく，QCD による予言と言ってもよい．チャームクォークを含んだハドロンに関しては，電荷を持った D 中間子 $D^+ = (\bar{d}c)$, $D^- = (\bar{c}d)$ と電

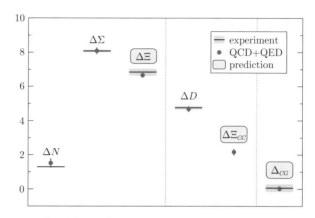

図 5.7 アイソスピン対称性を破った場合の格子 QCD 計算による様々なバリオンの質量差 (MeV 単位). S. Borsanyi *et al.*, Science **347** (2015) 1452 より引用.

荷を持たない $D^0 = (\bar{u}c)$ との質量差 $\Delta D = m_{D^\pm} - m_{D^0}$ は,やはり誤差の範囲で実験値と一致している.QCD はクォークと反クォークの入れ替えに対して不変なので $m_{D^+} = m_{D^-}$ である.次の結果は実験値が無いので,完全に QCD による理論的な予言になっている.$\Delta\Xi_{cc} = m_{\Xi_{cc}^{++}} - m_{\Xi_{cc}^+}$ は $\Xi_{cc}^{++} = (ccu)$ と $\Xi_{cc}^+ = (ccd)$ のチャームを 2 つ含むバリオンの質量差であり,実験ではようやく Ξ_{cc}^+ の質量が測られただけで(それも複数の実験結果の間に矛盾がある),Ξ_{cc}^{++} の質量はわかっていない.QCD によるこの予言が正しいかどうか,将来の実験により確かめられる日が待ち遠しい.図に載っている最後の物理量は,コールマン (Coleman)-グラショウ (Glashow) 関係式と呼ばれるもので,$\Delta_{CG} = 0$ を予言する.ここで,$\Delta_{CG} \equiv \Delta N - \Delta\Sigma + \Delta\Xi$ である.QCD の予言は,実験より小さな誤差でこの関係式を満たしている.

以上見てきたように,ハドロン質量に関する格子 QCD 計算は,その最終段階にきており,系統誤差をさらに小さくする余地は若干残っているが,ほぼ完成したと言ってよいだろう.次章では,いよいよこの本のテーマである QCD によるハドロンの相互作用に関する話題を紹介したい.

第6章 格子QCDによるハドロン間相互作用

6.1 核力

1.2 節で述べたように，陽子と中性子を原子核内に閉じ込める力は核力と呼ばれている．そして，1935 年に，湯川により，核力の起源は π 中間子の交換によって生じるという中間子理論が提唱され，1947 年に π 中間子が発見され，その考えの正しいことが認められた．その後，核力は，実験的にも理論的にも詳しく調べられ，現在ではより詳しいことがわかってきている．図 6.1 に核子核子散乱の実験結果から決められた現象論的核力ポテンシャルの例を載せる．ポ

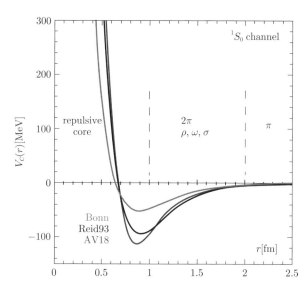

図 6.1　現象論的核力ポテンシャルの例．N. Ishii, S. Aoki and T. Hatsuda, Phys. Rev. Lett. **99** (2007) 022001 より引用（口絵 1 参照）．

テンシャルというのは位置エネルギーを一般的にしたもので，その距離に関する微分が力になる．例えば，クーロン力を与えるクーロンポテンシャルは

$$V_C(r) = \frac{q_1 q_2}{4\pi\varepsilon_0} \frac{1}{r} \tag{6.1}$$

で与えられる．ここで，ε_0 は真空の誘電率であり，q_1, q_2 はそれぞれ粒子 1 と粒子 2 の電荷である．粒子 1, 2 の座標を $\vec{x}, \vec{y}$ とすると，$r = |\vec{x} - \vec{y}|$ はその間の距離である．この 2 つの粒子に働く（r 方向の）クーロン力は，

$$\vec{F}_C(r) \equiv -\frac{dV_C(r)}{dr} = \frac{q_1 q_2}{4\pi\epsilon_0} \frac{1}{r^2} \tag{6.2}$$

となる．つまり，ポテンシャルの傾き（微分）にマイナス符号を付けたものが力になる．電荷が同じ符号（$q_1 q_2 > 0$）なら，力は正で距離 r を大きくする方向に働くので斥力になり，異符号（$q_1 q_2 < 0$）なら引力になる．

以上のことから，図 6.1 から核子の間に働く力（つまり核力）に関して以下のことが読み取れる．

1. 横軸の r が，1.5 fm 以上の遠距離では，傾きが正（力にはマイナスが付く）なので，引力になる．ポテンシャルを地面だと思って，そこにボールを置くと内側に転がっていくので引力であると考えると直感的でわかりやすい．この引力は湯川が考えた中間子理論で説明される．つまり，陽子や中性子が中間子を交換することで力をやりとりしていると考えるのだ．中間子を交換したときに生じるポテンシャルは湯川ポテンシャルと呼ばれ，以下の形で与えられる．

$$V_Y(r) = g\frac{e^{-m_\pi r}}{r} \tag{6.3}$$

ここで，m_π はパイ中間子の質量であり，140 MeV である．r が大きくなると $e^{-m_\pi r}$ は小さくなるので，核力が効き出す距離は $m_\pi r \sim 1$ となるところである．1 fm はだいたい 1/(200 MeV) なので，$r = 1 \sim 2$ fm あたりから核力が重要になってくる（湯川は核力が重要になる距離から，逆にパイ中間子の重さを予想した）．$m_\pi = 0$ なら，クーロンポテンシャルと同じ形になる．クーロン力は質量ゼロの光子の交換により生じ，その到達距離が無限大であることを表している．

2. r がより小さくなってくる中間領域では，核力ポテンシャルの傾きが湯川ポテンシャルの予言より大きくなってくる．つまり，引力がより大きくなるわけだ．これは，2 つ以上のパイ中間子の交換や，パイ中間子より重い中間子の交換によって，引力がより強くなっていると考えられている．

3. r が 0.8 fm より小さくなると，傾きが負になるので引力から斥力に変わる．$r \simeq 0.8$ fm あたりにポテンシャルの極小点がある．この構造は引力ポケットと呼ばれている．さらに近距離にいくと，斥力はどんどん大きくなり，2 つの核子がそれ以上近づけなくなる．これを斥力芯と呼ぶ．つまり，核子が硬い芯を持っているのでお互いがそれ以上近づけないというイメージである．斥力芯は物質（原子核）の安定性に対して需要な役割を果たしている．斥力芯があるおかげで，原子核が潰れてしまわずに一定の大きさを保っているからである．もし，斥力芯が無くて引力だけだとすると，陽子や中性子はどんどん近づいてしまい，最後には非常に高密度な物質に潰れてしまう（重力が強くなってブラックホールになってしまうかもしれない）．そうはならずに原子核がほぼ一定の密度を保っているのは斥力芯のおかげであるが，その起源（理由）はよくわかっていない．

　図 6.1 のポテンシャルは，核子同士をぶつけて散乱させる実験を行い，その散乱の様子を再現するように決めたものである．この図には Bonn, Reid93, AV18 という 3 つの結果を載せている．ポテンシャルを決めるやり方によって若干の違いはあるが，どちらも上に挙げた 3 つの性質を持っている．

　前章までで述べたように，陽子，中性子，中間子などのハドロンはクォーク（とグルーオン）でできており，その性質はすべて QCD から導かれるはずである．したがって，図 6.1 の核力ポテンシャルも QCD, 特に非摂動的な格子 QCD, により導けるはずである．しかしながら，そのように QCD から核力ポテンシャルを導出することは実際には非常に難しく，その実現には紆余曲折があった．次の節では，格子 QCD による核力ポテンシャルの導出に関する最近の研究をその歴史を含めて紹介していきたい．

6.2 QCDによる核力の理解に向けて

6.2.1 格子QCDの核力計算はなぜ難しいのか

核力は，強い相互作用により3つのクォークが束縛した状態である核子が，同じ強い相互作用により他の核子との間にパイ中間子などを交換して生じたものなので，クォークレベルで考えると図6.2にあるように非常に複雑である．しかしながら，格子QCDの計算により核子などのハドロンの質量が計算できるようになったので，それより複雑とはいえ，核子間の相互作用は計算できるような気がするが，事情はそれほど簡単ではない．ここでは，最初に核力計算の困難について述べよう．

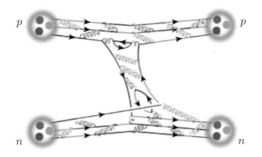

図 6.2　陽子 (p) と中性子 (n) の散乱をクォークとグルーオンのレベルで考えた場合のファインマン図の一例．実際には，このような複雑な図をすべて考える必要がある．

格子QCDで，核力，あるいは核力ポテンシャルを計算することを考えよう．質量を計算したときと同様に2つの核子の伝搬を考えれば，その2核子状態のエネルギーを格子QCDで計算することができる．つまり，時刻 t_0 で真空から2つの核子を作る演算子を $\mathcal{O}_{NN}(t_0)$，時刻 $t > t_0$ で2核子状態を消して真空に戻す演算子を $\mathcal{O}^\dagger_{NN}(t)$，とすると，その相関関数は以下のように振る舞うはずである．

$$\langle 0 | \mathcal{O}^\dagger_{NN}(t) \mathcal{O}_{NN}(t_0) | 0 \rangle \sim Z_{NN} e^{-E_{NN}(t-t_0)}, \quad t - t_0 \to \infty. \quad (6.4)$$

ここで，E_{NN} は2核子状態の最低エネルギーである．重陽子（陽子と中性子の

束縛状態) のような核子の束縛状態の場合は $\Delta E = E_{NN} - 2m_N$ は，2 核子の束縛状態のエネルギーを与える．ただし，m_N は 1 核子の質量で，この定義では，$\Delta E < 0$ が束縛状態に対応する．つまり，相互作用しない 2 つの核子の最低エネルギーである $2m_N$ より，核子間の相互作用のために 2 核子状態のエネルギー E_{NN} が小さくなるわけである．格子 QCD により 2 核子の相関関数 (6.4) が計算できれば，2 核子の束縛状態，つまり重陽子，の束縛エネルギーが計算できるわけである．1 核子の計算に比べて数値計算上の困難はあるが，この方法は現在の格子 QCD で実行可能であり，「直接計算法」と呼ばれている．

それならば，格子 QCD で核子間の相互作用がわかるではないか，と思われるかもしれないが，ここで求まっているのは相互作用の結果得られた束縛エネルギーであり，相互作用そのものでないことに注意してほしい．そもそもクォーク間の相互作用は QCD であり，それはわかっているわけであるが，知りたいのは核子間の力やポテンシャルであり，得られた束縛エネルギーからそれを求めることは難しい．これが格子 QCD から核力，あるいは核力ポテンシャルを求めることが難しい理由である．つまり，核力ポテンシャルは，実験などで測ることのできる物理量ではなく，実験結果を導き出す「原因」であるため，格子 QCD から核力ポテンシャルを求めるには，何らかの工夫や発想の転換が必要である．

2 核子系では，束縛エネルギーだけでは情報が少なすぎるので，散乱状態からの情報も必要である．しかし，散乱状態ではその最低エネルギーは，相互作用しない 2 核子と同じなので $E_{NN} = 2m_N$ となり，エネルギーだけでは情報を与えない．散乱状態の相互作用の情報は，位相差 (phase shift) という物理量に現れる．以下では，位相差に関して簡単な例を使って説明し，位相差を格子 QCD により求める方法を紹介する．

6.2.2 量子力学と散乱

2 粒子系の古典的なエネルギーは，2 粒子の座標を使って以下のように与えられる．

$$E = \frac{p_1^2 + p_2^2}{2m} + V(x_1 - x_2) \tag{6.5}$$

ここで，x_1, x_2 は，粒子 1 と粒子 2 の座標，p_1, p_2 は対応する運動量である．また，粒子 1, 2 は同じ質量 m を持っているとしている．運動量は，運動する粒

子の座標を時間 t の関数だと考えて，$p_i \equiv m\dot{x}_i$ ($i=1,2$) と定義される．ここで，$\dot{f}$ は，f の時間微分を意味する．また，上の式の第 1 項は運動エネルギー，第 2 項はポテンシャルエネルギーであるが，ポテンシャルは 2 粒子間の相対座標 $x_1 - x_2$ にしか依存しないと仮定している．

さて，重心座標 $R = (x_1 + x_2)/2$ と相対座標 $r = x_1 - x_2$ を使って，エネルギーを書き直すと

$$E = \frac{P_G^2}{2m_G} + \frac{p^2}{2m_\text{red}} + V(r) \tag{6.6}$$

となる．ここで，重心質量 $m_G \equiv 2m$，換算質量 $m_\text{red} \equiv m/2$ であり，重心の運動量 $P_G \equiv m_G \dot{R}$，相対運動量 $p \equiv m_\text{red} \dot{r}$ である．この式を見ると重心は自由粒子のように等速運動をすることがわかるので，以下では相対運動を考えることにする．

少し高度な話になるが，相対運動に関するエネルギーを用いて「量子化」を考えよう．古典力学では，運動エネルギーとポテンシャルエネルギーの和はハミルトニアンと呼ばれ，それを H と書くと，今の場合は

$$H = \frac{p^2}{2M} + V(r) \tag{6.7}$$

となる．ここでは m_red を M と書くことにする．また，今までは，r や p を一般的なベクトルとしていたが，以下では簡単のために 1 次元で考える．量子力学では，まず，古典力学の変数 r, p を演算子と考え，以下の交換関係を仮定する．

$$[r, p] \equiv rp - pr = i\hbar, \quad [r, r] = 0, \quad [p, p] = 0. \tag{6.8}$$

ここで，$\hbar = h/2\pi$ で，h はプランク定数である．この交換関係を満たすには，$p = \frac{\hbar}{i}\frac{d}{dr}$ とすればよい．確かに，勝手な関数 $f(r)$ に対して，

$$[r,p]f(r) = r\frac{\hbar}{i}\frac{d}{dr}f(r) - \frac{\hbar}{i}\frac{d}{dr}(rf(r)) = i\hbar f(r) \tag{6.9}$$

となるので，交換関係を満たしていることがわかる．この r と p をハミルトニアンに代入すると

$$H = -\frac{\hbar^2}{2M}\frac{d^2}{dr^2} + V(r) \tag{6.10}$$

となる．以下では $\hbar = 1$ とする．

さて，量子力学では粒子の運動は波動関数によって記述される．波動関数 $\Psi(r)$ はその絶対値の 2 乗 $|\Psi(r)|^2$ が粒子が r の近傍で観測される確率に比例する．波動関数 $\Psi(r)$ は，シュレディンガー方程式と呼ばれる以下の方程式を満たす．

$$H\Psi(r) = E\Psi(r) \tag{6.11}$$

ここで E はエネルギーであるので，シュレディンガー方程式は，ハミルトニアンがエネルギーに等しくなるように波動関数が決まることを意味している．

そこで，まずポテンシャルが無い場合にシュレディンガー方程式を解いてみよう．シュレディンガー方程式は，

$$-\frac{1}{2M}\frac{d^2}{dr^2}\Psi(r) = E\Psi(r) \tag{6.12}$$

となる．この方程式は，$\Psi(r) = e^{ikr}$ と置くと，

$$\frac{k^2}{2M}e^{ikr} = Ee^{ikr} \tag{6.13}$$

となので，$k^2 = 2ME$ ならば，方程式の解となる．したがって，方程式の一般解は

$$\Psi(r) = C_+ e^{ikr} + C_- e^{-ikr}, \qquad k = \sqrt{2ME} \tag{6.14}$$

となる．ここで $C_\pm$ は任意の定数であり，方程式だけからは決まらない（方程式が 2 階の微分の方程式なので未知定数が 2 つ出てくる）．$E = \frac{k^2}{2M}$ なので，k は古典力学の自由粒子の運動量に相当し，E はその運動エネルギーである．

次に，空間のある領域にポテンシャルがある場合を考えよう．シュレディンガー方程式が容易に解けるように，図 6.3 で与えられる，以下の箱形ポテンシャルを考える．

$$V(r) = \begin{cases} V_0 & |r| < R \\ 0 & |r| > R \end{cases} \tag{6.15}$$

$E = \frac{k^2}{2M}$ とすれば，$|r| > R$ の領域での解は，式 (6.14) で与えられる．一方，ポテンシャルがゼロでない領域 $|r| < R$ での解は

$$\Psi(r) = D_+ e^{iqr} + D_- e^{-iqr}, \qquad q = \sqrt{2M(E-V_0)} \tag{6.16}$$

となる．したがって，$V_0 > 0$（斥力）なら，$q < k$ であり，逆に $V_0 < 0$（引力）

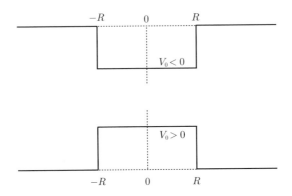

図 6.3 箱形ポテンシャル．（上）引力 ($V_0 < 0$) の場合．（下）斥力 ($V_0 > 0$) の場合．

なら $q > k$ となる．したがって，q がわかれば，斥力か引力かなどポテンシャルの性質がわかるのだが，我々が観測するのは自由粒子の波動関数なので，ポテンシャルの無い場合である k しかわからない．

自由粒子の波動関数からポテンシャルの情報を引き出すにはどうしたらよいだろうか？それを考えるために，ポテンシャルによる粒子の散乱を考える．計算を簡単にするために，以下のようなポテンシャルがあるとする．

$$V(r) = \begin{cases} +\infty & r < 0 \\ V_0 & 0 < r < R \\ 0 & r > R \end{cases} \quad (6.17)$$

$r < 0$ の領域のポテンシャルは $+\infty$ なので，そこに波動関数は入れない．したがって，波動関数は，$\Psi(0) = 0$ という境界条件を満たす．ポテンシャルがない自由粒子の場合をこの条件境界条件で解くと，

$$\Psi(r) = C\left(e^{-ikr} - e^{ikr}\right) = -2iC\sin(kr) \quad (6.18)$$

となる．全体の定数 C 自体にはあまり意味が無いので，波動関数はほぼ決まったと考えてよい．物理的には，$r = +\infty$ から粒子が連続的に入射され，それが $r = 0$ で反射されて定常的な状態になっている場合を表している．この場合，入射粒子を表す平面波が e^{-kr}，反射された粒子を表す平面波が e^{ikr} である．自由粒子では，その係数は C と $-C$ になっている．

さて,ポテンシャルの右 ($r > R$) から粒子がきて,ポテンシャルにより散乱されるいう状況を考える.$V_0 \neq 0$ の場合に,$\Psi(0) = 0$ という境界条件を満たすシュレディンガー方程式 (6.12) の解は,以下で与えられる.

$$\Psi(r) = \begin{cases} A\left(e^{-iqr} - e^{iqr}\right) & 0 < r < R \\ e^{-ikr} - Be^{ikr} & r > R \end{cases} \quad (6.19)$$

ここで,$r > R$ での e^{-ikr} は入射粒子を表す平面波で,簡単のためにその係数を 1 としている.一方,e^{ikr} は散乱粒子に対応する平面波で,その係数 B が散乱の情報を持っているはずである.B を決めるためには,$r = R$ で波動関数とその微分が等しいという条件(境界条件と呼ばれる)を課す(シュレディンガー方程式は 2 階微分を含むので,2 階微分が定義され有限になるためには,1 階微分までが連続である必要がある).$r = R$ の条件を具体的に書くと,

$$A\left(e^{-iqR} - e^{iqR}\right) = e^{-ikR} - Be^{ikR} \quad (6.20)$$

$$-iqA\left(e^{-iqR} + e^{iqR}\right) = -ik\left(e^{-ikR} + Be^{ikR}\right) \quad (6.21)$$

となる.上が $\Psi(r)$ に対する条件で,下がその微分に関する条件である.A を消去して B に対する条件を解くと,

$$B = e^{-2ikR}\frac{q\cos(qR) + ik\sin(qR)}{q\cos(qR) - ik\sin(qR)} = e^{i2\delta(k)} \quad (6.22)$$

$$\delta(k) \equiv \tan^{-1}\left(\frac{k}{q}\tan(qR)\right) - kR \quad (6.23)$$

となる.つまり,B は絶対値が 1 であり,その位相が $2\delta(k)$ で与えられる複素数である.したがって,入射波と反射波の大きさは等しく,確率が保存していることがわかる.$\delta(k)$ は位相差 (phase shift) と呼ばれていて,これを使うと $r > R$ の領域の波動関数は

$$\Psi(r) = e^{-ikr} - e^{i(kr+2\delta(k))} = e^{i\delta(k)}\left(e^{-i(kr+\delta(k))} - e^{i(kr+\delta(k))}\right)$$
$$= -2ie^{i\delta(k)}\sin(kr + \delta(k)) \quad (6.24)$$

となり,自由場の解 (6.18) に比べてサイン関数の位相が $\delta(k)$ だけずれている.

位相差 $\delta(k)$ からポテンシャルに関する情報を読み取ることができる.まず,

ポテンシャルが無い場合 ($V_0 = 0$) は，$q = k$ となるので，$\delta(k) = 0$ となり，確かに自由場の結果を再現する．

散乱実験により，位相差 $\delta(k)$ の k 依存性を調べることで，V_0 や R など，ポテンシャルに関する情報を得ることができる．$\tan\delta(k = 0) = 0$ なので，式 (6.23) を k で微分して $k = 0$ とすると，以下のように $k = 0$ での微係数が求まる（ここで，$q^2 = k^2 - 2MV_0$ であることに注意）．

$$\lim_{k\to 0}\frac{d}{dk}\delta(k) = \frac{\tan(q_0 R)}{q_0} - R, \qquad q_0 = \hbar\sqrt{-2MV_0}. \qquad (6.25)$$

さらに，q_0 が小さいとして展開すると，

$$\lim_{k\to 0}\frac{d}{dk}\delta(k) = \frac{R^3 q_0^2}{3} + O(q_0^4) \simeq -\frac{2MV_0}{3}R^3 \qquad (6.26)$$

とポテンシャルの情報が求まる．斥力だと $V_0 > 0$ なので，微係数は負で，逆に引力だと $V_0 < 0$ なので，微係数は正になる．

上の例では1次元でかつ簡単なポテンシャルの場合を考えたが，実際は3次元であり，ポテンシャルの関数形もわかっていない．位相差 $\delta(k)$ が k の関数として求まった場合，どのようなポテンシャルであったかを逆算せよ，というのは逆散乱問題と呼ばれていて，数学の一分野になっている．

6.3　格子QCDによるハドロン相互作用の研究法Ⅰ：有限体積法

6.3.1　有限体積法

ここで，ハドロン間の相互作用を格子QCDで調べる方法の1つを紹介する．束縛状態がある場合，その束縛エネルギーは，ハドロンの質量を測るのと同じ方法で計算できることは前に紹介した．ここでは，ハドロン散乱の位相差を計算する方法を紹介しよう．

そのアイデアは以下のようなものである．有限（空間）体積での2つのハドロンのエネルギーを計算する．もし，相互作用が無ければ，許されるエネルギーは離散的になる．例えば，周期 L の周期的境界条件では，$\Psi(x + L) = \Psi(x)$ を満たすので，平面波の場合は，

$$e^{ik(x+L)} = e^{ikx} \Rightarrow e^{-ikL} = 1 \Rightarrow k = 2n\pi/L,\ n = 0, 1, 2, \cdots, \qquad (6.27)$$

と k に対する条件が得られる（3次元の場合は，$\vec{k} = 2\pi \vec{n}/L, \vec{n} = (n_x, n_y, n_z)$ と3つの整数で k が決まる）．相互作用がある場合は，位相差のために，位相がずれるので，自由場の場合の k の条件とは異なる値をとる．空間体積が有限でもある程度大きく，相互作用する領域がその体積に収まるのであれば，境界付近では相互作用していないが（相互作用のために）位相がずれている波動関数になっている．したがって，有限体積でのエネルギー E_n が得られたら，そこから，許される運動量が $k_n = \sqrt{2ME_n}$ と決まる．この値と $2n\pi/L$ を比較して，そのずれから k_n での位相差 $\delta(k_n)$ を求めるのが，（その方法を提案した研究者の名をとって）Lüscher の有限体積の方法と呼ばれるものである (M. Lüscher, Commun. Math. Phys. 105 (1986) 153)．

この有限体積の方法をより詳しく説明するために，前に使ったポテンシャルによる散乱の例を考えよう．相互作用がない領域 ($r > R$) での波動関数は

$$\Psi(r) = -2i e^{i\delta(k)} \sin(kr + \delta(k)) \tag{6.28}$$

と与えられるので，（ここでは周期的境界条件ではなく）$\Psi(L) = 0$ という境界条件を課すと

$$\sin(kr + \delta(k)) = 0 \Rightarrow k_n L + \delta(k_n) = n\pi \tag{6.29}$$

と関係式が求まるので，E_n から k_n が決まれば，k_n での位相差は

$$\delta(k_n) = n\pi - k_n L \tag{6.30}$$

と求めることができる．これが有限体積法である．位相差がゼロ（相互作用が無い）の場合は，$k_n = n\pi/L$ とこの境界条件での自由場の値と一致する．

6.3.2 有限体積法の結果の例

ここで，有限体積法を使った格子 QCD の計算例を紹介しよう．

図 6.4 は，2つのパイ中間子の散乱の位相差の結果である．横軸は，重心系のエネルギー E_{CM} を格子間隔を使って無次元化した aE_{CM} で，縦軸は $\sin^2 \delta(k)$，$\delta(k)$ が位相差である．したがって，縦軸が1となった点は $\delta(k) = \pi/2$ に対応している．QCD の計算では，相対論的な場合を考えているので，そのエネルギーと運動量の関係は

$$E_{\text{CM}}^2 = 2\sqrt{k^2 + m_\pi^2} \tag{6.31}$$

96　第 6 章　格子 QCD によるハドロン間相互作用

である．ここで，m_π はパイ中間子の質量である．この結果は 2 フレーバー格子 QCD を用いた計算によるもので，格子間隔は $a = 0.079$ fm である．上の図はパイ中間子の質量 m_π が 420 MeV で，空間の 1 辺の格子点の数 L/a が 24 での計算で，下が $m_\pi \simeq 330$ MeV, $L/a = 32$ である．

パイ中間子は $\pi^\pm, \pi^0$ で 3 重項を作っているので，2 つのパイ中間子は，5 重

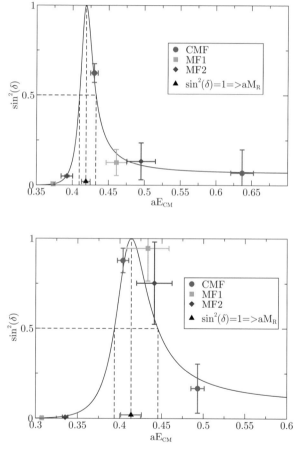

図 **6.4**　有限体積法のよる $I = 1$ の $\pi\pi$ 散乱の位相差．横軸が $aE_{\rm CM}$ で縦軸が $\sin^2 \delta(k)$．（上）$m_\pi \simeq 420$ MeV で格子 1 辺 $L \simeq 1.9$ fm．（下）$m_\pi \simeq 330$ MeV, $L \simeq 2.5$ fm．X. Feng, K. Jansen and D. B. Renner, Phys. Rev. D **83** (2011) 094505 より引用．

項，3重項，1重項の状態になる $(3 \otimes 3 = 5 \oplus 3 \oplus 1)$ が，この散乱状態は 3 重項に対応したものである．また，パイ中間子のスピンはゼロであるが，2 つのパイ中間子は相対座標に関しての軌道角運動を持つことが可能で，この結果は，軌道角運動量が 1 の状態のものである．図中にいろいろな形のデータ点があるが，これは以下の違いを示している．格子 QCD で，比較的簡単に計算できるのは，基底状態などエネルギーが低い状態に限られており，その数は少ない．今の場合は $n = 0, 1$ の運動量 k_0, k_1 だけである．したがって，1 つの体積では 2 つのデータ点しかとれず，それが「丸」のデータである．点の数を増やすため，重心系 $(P_G = 0)$ だけでなく，重心運動をしている系 $(P_G \neq 0)$ での計算も行っている．そのような系で測ったエネルギー E は重心エネルギー $E_{\rm CM}$ と，$E_{\rm CM}^2 = E^2 - P_G^2$ の関係にある．四角やダイヤモンドの点は，それぞれ異なった P_G で計算した $E_{\rm CM}$ に，有限体積の方法を適用して計算した位相差である．図中の実線は，格子 QCD で得られたデータ点を有効範囲公式 (Effective Range Formula) と呼ばれる以下の式を使ってフィットしたものである．

$$\tan \delta(k) = \frac{g_{\rho\pi\pi}^2}{6\pi} \frac{k^3}{E_{\rm CM}(m_\rho^2 - E_{\rm CM}^2)}. \tag{6.32}$$

ここで，$g_{\rho\pi\pi}^2$ と m_ρ^2 がフィットのパラメタであり，式から $E_{\rm CM} = m_\rho^2$ を満たすエネルギーで，$\tan \delta(k) = \infty$，つまり，$\delta(k) = \pi/2$ となるエネルギーに対応している．したがって，図中のピークの点（$\sin^2 \delta(k) = 1$）である．

位相差が $\pi/2$ となる点の近傍には共鳴状態が現れることが知られている．$\sin^2 \delta(k)$ は散乱が起こる確率に比例するので，実験では，この図のようにピークとして観測される．今の場合，角運動量（スピン）が 1 の 3 重項の状態なので，ρ 中間子に対応する．ピークの中心値 M_R が共鳴状態の質量であり，$\sin^2 \delta(k)$ の値が半分になる幅が，共鳴状態の崩壊幅 Γ_ρ に対応する．Effective Range Formula から，

$$M_R = m_\rho, \quad \Gamma_\rho = \frac{g_{\rho\pi\pi}^2}{6\pi} \frac{k_\rho^3}{m_\rho^2}, \quad k_\rho \equiv \sqrt{m_\rho^2/4 - m_\pi^2} \tag{6.33}$$

となる．上の図のフィットから $m_\rho = 1047(15)$ MeV，$\Gamma_\rho = 55(11)$ MeV，下の図からは $m_\rho = 1033(31)$ MeV，$\Gamma_\rho = 123(43)$ MeV が得られる．このように，格子 QCD 計算では，有限体積法により，散乱位相差を求めることができるだけでなく，その結果を使って，共鳴状態の性質を調べることが可能である．

6.4 格子QCDによるハドロン相互作用の研究法II：ポテンシャル法

　前の2つの節では，格子QCDによりハドロン間相互作用を調べる方法として，有限体積を用いるLüscherの方法を紹介したが，これを用いてハドロン散乱の位相差や束縛エネルギーが計算できる．このように有限体積の方法は有効な計算法であるが，いくつか不十分な点がある．

　例えば，前章の計算例の図からもわかるように，実際の計算で決められる k_n の値は，その最小値を含めて，せいぜい数個であり，位相差をいろいろなエネルギーで再現するには，いろいろな体積で計算してデータ点を増やし，かつ，何らかの関数形を仮定してその結果をフィットしなければならない．

　また，位相差や束縛エネルギーは計算できるので，実験値と比べることは可能であるが，核子の多体系である原子核の性質を調べるには，その結果を使ってポテンシャルなどに焼き直さなければならない．これは実験値からポテンシャルを再構成するのと同じであり，「QCDからポテンシャルを計算した」というのとはほど遠い．

　もちろん，実験の難しいストレンジクォークを含んだハドロンであるハイペロンの散乱位相差などがQCDから計算できるので，その点では優れた方法ではあるが，粒子の種類が変わる非弾性散乱の場合の取り扱いが難しいことなどもあり，有限体積法とは異なる方法も必要となってきた．この章では，格子QCDにより直接ポテンシャルを計算し，それを使ってハドロン相互作用を研究する方法を紹介する．

　（格子）QCDでポテンシャルを計算することは自明ではない．なぜなら，位相差などは物理量であるが，ポテンシャルは直接に実験で測ることができるような物理量でないので，そもそもQCDのような場の理論におけるポテンシャルとは何か，ということから考えていかなくてはならないからだ．

　もちろん古典力学では，ポテンシャルは定義可能であり，力を座標に関して積分したもの（つまりポテンシャルの座標に関する微分が力）として定義される．例えば，2粒子の全エネルギーは運動エネルギーとポテンシャルエネルギーの和であり，また，全エネルギーは保存するので，場所 x ごとの粒子の運動エネルギー（速度）がわかれば，そこでのポテンシャルエネルギーがわかる．

6.4 格子QCDによるハドロン相互作用の研究法 II：ポテンシャル法

一方，量子力学では，ポテンシャルはインプットであり，古典力学のものをそのまま使って，量子力学の計算を行う．つまり，古典力学のポテンシャルがわからないと量子力学のポテンシャルを決めることはできないのである．もし，ある量子力学的状況に対して古典力学の対応物が無い場合は，ポテンシャルがわからないので，前述したように，実験から逆散乱法などによりポテンシャルを決めなければならない．

ここでの問題は，QCDという場の量子論を考えたときに，そこから量子力学のポテンシャルに対応する物理量をどのように定義し，そしてどのように計算するか，ということである．ここでは，ポテンシャルはインプットではなく，QCDから計算されるアウトプットなのである．

6.4.1 ポテンシャルの定義とその計算手順

QCDでポテンシャルを定義し，それを計算する方法は，最近（2006年以降）になって提案され，現在，精力的に研究が進められている．この方法は，研究グループの名前をとって，HAL QCD法と呼ばれている．HAL QCDは，Hadron to Atomic nulcei from Lattice QCDの頭文字をとったもので，著者もこの研究グループに所属している．ご存知の方もあると思うが，HALというのは，「2001年宇宙の旅」(1968年製作，スタンリー・キューブリック監督) という有名なSF映画に出てくる人工知能（コンピュータ）であり，その名前は，映画製作当時の世界的なコンピュータ会社であったIBMのアルファベットを1つずつ前にずらして作られたものである．

まず，核子・核子のポテンシャルを例にとり，QCDでのポテンシャルの満たすべき条件を考えよう．

- 核子・核子散乱の位相差を量子力学の計算で再現すること．つまり，QCDで得られたポテンシャルをインプットとした場合に，量子力学の計算で，QCDでの散乱位相差が再現できることである．

  – これは，QCDの散乱位相差を実験値と見なし，そこに逆散乱法を使ってポテンシャルを決めたものと等価になっている．

  – ポテンシャルがこの条件を満たすことは，得られたポテンシャルを原子核の多体問題へ応用するために重要である．

- もう1つの重要な条件は，ポテンシャルはQCDのみで計算可能な量として定義されることである．これは，逆散乱法のような量子力学に基づいた操作を経由せずにポテンシャルが定義されることを意味する．

QCDでポテンシャルを定義する前提条件として，散乱が弾性散乱のみの場合を考えることにする．例えば，核子・核子 (NN) 散乱の場合，粒子の数や種類が変化しない $NN \to NN$ という弾性散乱は考えるが，$NN \to NN + \pi$ のように，散乱前後で粒子の種類や数が異なる非弾性散乱は考えないことである．非弾性散乱を起こさないようにするには，散乱の全エネルギーを非弾性散乱が起こる最低のエネルギーであるしきい値以下にすればよい．核子・核子散乱の場合は

$$W_p = 2\sqrt{p^2 + m_N^2} < W_{\text{th}} = 2m_N + m_\pi \tag{6.34}$$

であり，エネルギーが小さければ，パイ中間子を作り出すことができないため，非弾性散乱は起こらない．このような条件を付けることで，(通常の量子力学には無い) 粒子の数や種類が変化するという場の量子論に特徴的な現象が起こらないようにすることができ，場の量子論を実質的に量子力学的な系として取り扱えるようになるわけである．また，QCDの相互作用は短距離力のみで，クーロン力のような長距離力は無いことを仮定する必要がある．これは，2つの粒子が十分離れていれば，相互作用は無視できると考えたいからである．また，この条件は，Lüscher の有限体積法が適用できるためにも必要である．

以上のような前提や仮定の元で，HAL QCD 法によるポテンシャルの定義 (計算方法) をまとめよう (各項目の詳しい話は少し後で紹介する)．

1. まず，量子力学の波動関数に対応する量として，南部・ベーテ・サルペータ (NBS) 波動関数を定義する．

    - NBS 波動関数は，2つの粒子間の距離が大きくなると，量子力学での2つの自由粒子の波動関数のように振る舞う．
    - したがって，遠距離では，量子力学の散乱波と同じで位相差が現れるが，その位相差は QCD から計算される散乱の位相差と一致する．

2. NBS 波動関数は，2つの粒子間の距離が近いと自由粒子の振る舞いからズレるが，そのズレをポテンシャルとして定義する．

6.4 格子QCDによるハドロン相互作用の研究法 II：ポテンシャル法

- このポテンシャルは系のエネルギー W_p には依存しないように定義できる．
- しかしながらその代償として，ポテンシャルは非局所になる（その意味は後述）．

3. したがって，格子 QCD で NBS 波動関数を計算すれば，そこからポテンシャルを計算することが可能になる．

以上の手順をもう少し詳しく見ていこう．

6.4.2 NBS 波動関数とその性質

2 核子系を例にとると，NBS 波動関数は以下で定義される．

$$\varphi_p(x-y) = \langle 0|N(x,t)N(y,t)|NN, W_p\rangle \tag{6.35}$$

ここで，$|NN, W_p\rangle$ は，エネルギー W_p を持つ NN 系を記述する QCD 固有状態であり，$\langle 0|$ は真空状態である．また，$N(x,t)$ は空間 x，時間 t で，核子を1つ消す（消滅させる）演算子で，クォーク（を消す）演算子 $q^a(x,t)$ を使うと $N(x,t) = \epsilon_{abc}q^a(x,t)q^b(x,t)q^c(x,t)$ のように3つのクォークで書ける（ここではフレーバーやスピンの依存性は無視した書き方をしている）．NBS 波動関数は，2 核子の状態から，x と y でそれぞれ核子を消して真空にしたものとして定義されるので，直感的には，2 つの核子がそれぞれ x と y にいる確率に関係した量である．QCD は空間の平行移動に関して不変なので，NBS 波動関数は相対座標 $r = x - y$ にしか依存しない．

NBS 波動関数の重要な性質の1つは，その遠距離の振る舞いが，NN 散乱の位相差の情報を含んでいるということである．どのように示すかの詳細は省略するが，場の理論の一般的な議論を使うと，2 つの核子（演算子）の距離 r が十分大きければ，NBS 波動関数は以下のように振る舞うことがわかる．

$$\varphi_p(r) \simeq Z\frac{e^{i\delta_{NN}(p)}}{pr}\sin(pr - \delta_{NN}(p)) \tag{6.36}$$

ここで，$\delta_{NN}(p)$ は，QCD における 2 つの核子の散乱位相差であり，運動量の大きさ p は重心系のエネルギー W_p から $W_p = 2\sqrt{m_N^2 + p^2}$ で与えられる．前の1次元の例と比べて sin 関数の前に余計な項がかかっているが，これは3次元

での散乱を考えているためであり，本当はもう少し複雑な係数も必要なのだが，ここでは省略した．また，r はベクトル $x-y$ ではなく，その絶対値 $r=|x-y|$ である．

量子力学をご存知の方は，上に与えた波動関数は，量子力学の散乱問題でシュレディンガー方程式を解いて求まった波動関数（散乱波）の漸近形とまったく同じ形をしていることに気づかれたと思う．その上，そこに現れる位相差は，単に量子力学を解いて現れたものではなく，QCDでの核子・核子散乱の位相差である．詳しい話は省略するが，QCDのような場の理論の散乱では，S 行列という量が散乱の情報を含でおり，その S 行列を求めることが計算の主眼となる．粒子の確率の保存から S 行列はユニタリ行列であることがわかる．つまり，$S^\dagger S = SS^\dagger = 1$ を満たす．S が単なる数の場合は，$S = e^{i2\delta}$ とすればこの条件が満たされる．行列の場合も同様で，ユニタリ行列は位相 δ を使って表すことができる．この δ が NN 散乱の位相差である．

上の式で示されたことは，「NBS波動関数の漸近形が量子力学の散乱波の漸近形と同じ形をしており，そこに現れる位相差はQCDの散乱位相差である」ということである．つまり，NBS波動関数から散乱の情報を引き出せることを意味している．

さらに，上記の性質を使って，NBS波動関数からポテンシャルを定義できないか，として考えたのが我々が提案したHALQCDのポテンシャル法である．その詳しい話にいく前に，図6.5に格子QCDで計算された波動関数の例を挙げておく．ここで，簡単のために球対称な波動関数（つまり軌道角運動量がゼロのS波の波動関数）を考えている．したがって，波動関数は距離 $r = |x-y|$ だけの関数であり．グラフの横軸が r で，縦軸は波動関数の絶対値である．波動関数の大きさは r が大きな点での値が1になるように規格化している．波動関数の r 依存性から，以下のことが推察できる．遠方から r が小さくなってくると，波動関数の値が大きくなる．これは，粒子の存在確率が増えることを意味するので，「引力的」な振る舞いである．一方，さらに $r = 0$ 近くの近距離にいくと，波動関数が小さくなるので，「斥力的」な振る舞いに変わっていく．このような定性的な性質を定量化したのが，次に紹介する「ポテンシャル」である．

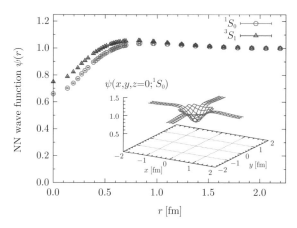

図 6.5 格子 QCD で計算された NBS 波動関数の例.もっとも遠方の点で 1 になるように規格化している.真ん中の図は $z=0$ の場合の波動関数の x,y 依存性を示したもの.N. Ishii, S. Aoki and T. Hatsuda, Phys. Rev. Lett. **99** (2007) 022001 より引用.

6.4.3 ポテンシャルの定義とその性質

前項で与えた NBS 波動関数の遠距離での漸近形は,散乱された自由粒子の漸近形と同じである.これは,前の有限体積の方法のところで議論したように,QCD の相互作用は短距離なので,十分遠方では相互作用が無く自由粒子と考えられるからである.したがって,NBS 波動関数は遠方では自由粒子のシュレディンガー方程式を満たす.つまり,$r \to \infty$ で,

$$(E_p - H_0)\varphi_p(r) \simeq 0, \qquad H_0 = -\frac{\nabla^2}{2m_r}, \qquad E_p = \frac{p^2}{2m_r} \qquad (6.37)$$

を満たす.ここで,$m_r = m_N/2$ は 2 核子系の換算質量であり,H_0 は自由粒子のハミルトニアン,E_p は(非相対論的な)運動エネルギーである.∇^2 はラプラシアンと呼ばれる微分演算子で,$\nabla^2 = \partial_x^2 + \partial_y^2 + \partial_z^2$ で定義される.

一方,近距離では QCD の相互作用のため,$(H_0 - E_p)\varphi(r) \neq 0$ である.この近距離での NBS 波動関数の振る舞いからポテンシャルを定義しようとしたのが HAL QCD の方法である.つまり,

$$(E_p - H_0)\varphi_p(r) = \int d^3r' \, U(r,r') \varphi_p(r') \qquad (6.38)$$

という式でポテンシャル $U(r,r')$ を定義したのである．ここで定義されたポテンシャルの特徴は以下である．

1. このように定義されたポテンシャルは，通常のような局所的なポテンシャル $V(r)$ ではなく，非局所的な $U(r,r')$ であり，r だけでなく r' にも依存している．そのため，NBS 波動関数が満たすシュレディンガー方程式にも積分が現れる．
2. 一方，非局所性を導入したおかげで，ポテンシャルは NBS 波動関数の p には依存しない．したがって，$U(r,r')$ がわかれば，それを用いたシュレディンガー方程式の解として，いろいろな p での NBS 波動関数を求めることが可能になる．
3. 非局所性を導入せずに，局所ポテンシャルを定義することも可能であるが，その場合はポテンシャルは p に依存する．つまり，

$$(E_p - H_0)\varphi_p(r) = V_p(r)\varphi_p(r) \tag{6.39}$$

と求まったポテンシャル $V_p(r)$ はあからさまに p に依存している．このように，p 非依存で非局所なポテンシャルと p 依存で局所なポテンシャル $V_p(r)$ はほぼ等価なので，後々の有用性を考えて，HAL QCD 法では p 非依存で非局所な $U(r,r')$ を用いる．
4. $U(r,r')$ を使ってシュレディンガー方程式 (6.38) を解くと，NBS 波動関数が求まるはずである．したがって，そこから求まる位相差は QCD の位相差 $\delta_{NN}(p)$ に等しい．つまり，ポテンシャル $U(r,r')$ は QCD の位相差 $\delta_{NN}(p)$ を忠実（自動的）に再現するポテンシャルである．
5. 前にも述べたように QCD は短距離相互作用なので，空間がある程度大きければ，相互作用に対する有限体積効果は無視できる（これは Lüscher の有限体積法が適用できる条件でもある）．したがって，ある程度の空間サイズで $U(r,r')$ が求めることができれば，それを使って無限体積でのシュレディンガー方程式 (6.38) を解くことで無限体積での結果を得ることが可能になり，格子 QCD の数値計算にとっては都合の良い方法である．
6. 残念ながら，シュレディンガー方程式 (6.38) を満たす $U(r,r')$ は一意的ではない．その原因は，このポテンシャルの適用範囲が弾性散乱のエネルギー領域（$W_p < W_{\mathrm{th}}$）に限られるからであり，この範囲外のエネルギー

領域に対する制限はないので，その分の不定性が許されるからである．もちろん，異なったポテンシャルを使っても，弾性散乱のエネルギー領域では同じ位相差が求まる．
7. ポテンシャルを定義するのにシュレディンガー方程式を用いているので，非相対論近似を使っているように思われたかもしれないが，そうではない．NBS 波動関数は（非自明な）時間依存性が無いので，時間微分は必要なかったのである．時間依存性はローレンツ変換で決まっているので，NBS 波動関数の定義を変えて時間を導入しても，散乱に関する新しい情報を得ることはできない．原子核の構造計算への応用を考えると，シュレディンガー方程式を用いるのが便利なので，無理に時間依存性を入れた相対論的な方程式からポテンシャルを定義する必要は無い．

6.4.4 非局所ポテンシャルの微分展開

非局所ポテンシャルを完全に決定するには，すべての NBS 波動関数を知る必要があるため，現実的にはほぼ不可能である．そこで，少数の NBS 波動関数からポテンシャルを決めるために，ある種の近似を導入する．それが微分展開であり，ポテンシャルを微分を使って展開する．核子間ポテンシャルの場合は，核子がスピンを持っているために，その構造が複雑になる．$U(r,r')$ の代わりにポテンシャルを $V(r, \nabla)$ と書くことにすると

$$V(r, \nabla) = V_0(|r|) + V_\sigma(|r|)(\hat{s}_1 \cdot \hat{s}_2) + V_T(|r|)S_{12} + V_{\mathrm{LS}}(|r|)\hat{L} \cdot \hat{S}$$
$$+ O(\nabla^2) \tag{6.40}$$

のように展開される．ここで，V_0 はスピンに依存しない中心力ポテンシャル，V_σ はスピン依存力ポテンシャルであり，$\hat{s}_1$ は核子 1 のスピン演算子，$\hat{s}_2$ が核子 2 のスピン演算子を表す．核子のスピンは 1/2 なので 1 つの核子の全スピンは 1 か 0 になることは前にも触れたと思う．スピンのところでも述べたが，量子力学ではスピン演算子 $\hat{S}$ の 2 乗はスピンの値 S を使うと，$\hat{S}^2 = S(S+1)$ になる（ここでは簡単のために $\hbar = 1$ とした）．全スピン演算子 $\hat{S} = \hat{s}_1 + \hat{s}_2$ は S の 2 乗を考えると

$$S(S+1) = \hat{S}^2 = (\hat{s}_1 + \hat{s}_2)^2 = \hat{s}_1^2 + 2\hat{s}_1 \cdot \hat{s}_2 + \hat{s}_2^2 \tag{6.41}$$

なので，

$$\hat{s}_1 \cdot \hat{s}_2 = \frac{1}{2}\left(S(S+1) - 2 \times \frac{1}{2} \times \frac{3}{2}\right) = \begin{cases} -\dfrac{3}{4}, & S=0 \\[2mm] \dfrac{1}{4}, & S=1 \end{cases} \quad (6.42)$$

という値をとることがわかる．ここでは，スピン 1/2 の演算子の 2 乗が $\hat{s}_1^2 = \hat{s}_2^2 = 1/2 \times 3/2$ であることを用いた．

3 番めの項はテンソルポテンシャルと呼ばれるもので，テンソル演算子 S_{12} は

$$S_{12} = \frac{3(\hat{s}_1 \cdot r)(\hat{s}_2 \cdot r)}{|r|^2} - (\hat{s}_1 \cdot \hat{s}_2)$$

で与えられる．V_0, V_σ, V_T の 3 つは微分を含まない演算子の係数なので，微分展開の最低次（0 次）で現れる項に対応している．

V_{LS} はスピン軌道相互作用ポテンシャルと呼ばれている．$\hat{S}$ は全スピン，$\hat{L} = r \times p = r \times i\nabla$ は軌道角運動量演算子で，微分を 1 つ含む．したがって，スピン軌道相互作用ポテンシャルは，微分展開の 1 次の項である．

微分展開で得られたポテンシャルの形は，原子核物理で長年使われてきたポテンシャルの分類と一致しており，そういった点でも微分展開は都合の良い方法である．もともと，非局所だったポテンシャルをこのように微分展開を使って取り扱うということも，HAL QCD 法によるポテンシャルの定義の一部と考えてもよいだろう．

微分展開を使うと，ポテンシャルを低次から求めていくことが可能になる．核子の全スピンが 0 の場合は，$S_{12} = 0$ なので，最低次 (Leading Order) のポテンシャルは，1 つの NBS 波動関数を用いて，

$$V_{\mathrm{LO}}(|r|) \equiv V_0(|r|) - \frac{3}{4}V_\sigma(|r|) = \frac{[E_p - H_0]\varphi_p(r)}{\varphi_p(r)} \quad (6.43)$$

と簡単に求めることができる．

ポテンシャル V_{LO} が求まれば，それを用いてシュレディンガー方程式を無限体積で解くことで，束縛状態が存在するかどうかや存在すればその束縛エネルギーの値がわかる．また，同時に弾性散乱の位相差を計算することもできる．

ただし，微分展開を使っているため，V_{LO} は近似からくる誤差を含んでいる．例えば，NBS 波動関数 $\varphi_p(r)$ から求めた V_{LO} を使うと，$\delta_{NN}(p)$ に関しては正しい値を得ることができるが，$k \neq p$ に関してはそこでの位相差 $\delta_{NN}(k)$ が微分

6.4 格子QCDによるハドロン相互作用の研究法II：ポテンシャル法

展開による系統誤差を含む．特に，k が p から離れれば離れるほど，その誤差は大きくなる．このような系統誤差は，摂動展開などをある次数で打ち切った場合に現れる誤差と同じであるが，幸いなことに HAL QCD の方法では，その系統誤差の大きさを評価することが可能である．

6.4.5 格子QCDのよる核力ポテンシャルの計算例

図 6.6 に，HALQCD の方法を用いて初めて格子 QCD で計算された核力ポテンシャルを載せる．ここには，1つの核子の状態のスピンの和がゼロのもの ($^1S_0$) とスピンの和が1のもの ($^3S_1$) が載せてある．この記号法では，S は軌道角運動量 $\hat{L}$ の大きさ L がゼロ，つまり，S 波であることを意味しており，左肩の添字は，スピン状態の数（$S=0$ なら状態の数は $S_z=0$ の1つで，$S=1$ なら，$S_z=+1,0,-1$ の3つ）を表し，右下は全角運動量 $\hat{J}=\hat{L}+\hat{S}$ の大きさ J を意味している．今の場合 $L=0$ なので，$J=S$ である．

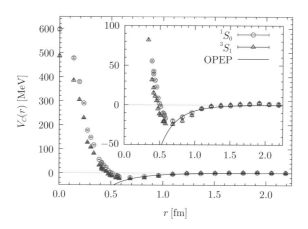

図 **6.6** 初めて格子 QCD で計算された核力ポテンシャル．N. Ishii, S. Aoki and T. Hatsuda, Phys. Rev. Lett. **99** (2007) 022001 より引用．

格子 QCD での最初の計算であったためクエンチ近似を用いているが，図 6.1 に与えた現象論的なポテンシャルが示していた複雑な振る舞いが再現されていることがわかる．遠距離部分は，パイ中間子交換による引力で現れるはずであるが，格子 QCD の計算でも引力が現れている．実線で書かれているのが1つのパイ中間子の交換により生じる湯川ポテンシャル

$$V_{\text{Yukawa}}(r) = g_s \frac{e^{-m_\pi r}}{r} \tag{6.44}$$

の形である.遠方での振る舞いは,湯川ポテンシャルの形と良く合っている.ここでは,m_π としてこの計算でのパイ中間子の質量である 530 MeV を使い,核子とパイ中間子の結合定数である g_s は,現象論的な値 $g_s \simeq 22$ を用いている.ただし,この計算でのパイ中間子の質量 530 MeV は自然界のパイ中間子の質量である約 140 MeV よりかなり重いので,その到達距離($1/m_\pi$ に比例)は短く,遠距離での振る舞いが本当に湯川ポテンシャルの寄与であるかどうかは,パイ中間子の質量を軽くした計算をしてチェックする必要がある.

中間領域ではその引力はより強くなるが,ある距離以下では,引力は逆に斥力に変わり,その結果,ポテンシャルの最低値が $r = 0.6 - 0.7$ fm あたりに現れる.この構造は,しばしば引力ポケットと呼ばれる.この中間距離の振る舞いは,2 つのパイ中間子が同時に交換される効果や,ρ 中間子などパイ中間子より重い中間子の交換で説明できると思われている.また,近距離で現れた斥力は,距離がより小さくなるに従ってどんどん大きくなり,斥力芯を構成する.遠距離での π 中間子の交換に起因する湯川型の引力,中間距離の引力ポケット,近距離の斥力芯,という核力ポテンシャルの 3 つの特徴的な構造が,格子 QCD という基礎理論から第 1 原理的に導き出されたことは驚くべきことであり,注目を集めた.この結果を発表した論文 (N. Ishii, S. Aoki and T. Hatsuda, Phys. Rev. Lett. **99** (2007) 022001) は 2007 年度のネイチャー誌の年間ハイライトの 1 つに選ばれ,「計算の離れ業によるこの結果は,核力理解のマイルストーンであり,(QCD という)理論の勝利である」と評価された (http://www.nature.com/nature/journal/v450/n7173/full/4501130a.html).

図 6.6 では,$^1S_0$ と $^3S_1$ の結果が載せてあるが,両者を比べると,$^3S_1$ の方が $^1S_0$ より,引力ポケットが若干深く,斥力芯が弱い.このことは,$^3S_1$ の状態には束縛状態である重陽子(Deuteron,陽子と中性子の束縛状態)は存在するが,$^1S_0$ の状態には対応する束縛状態(陽子 2 つの束縛状態,あるいは中性子 2 つの束縛状態)が存在しないことから,$^3S_1$ の方が $^1S_0$ よりも引力が強いであろう,という定性的な予言と一致している.残念ながら,この計算で得られたポテンシャルでは重陽子は束縛状態にならない.これは,π 中間子の質量が実験値より重いため,引力が束縛状態を作るほどは強くないからだと思われる.

図 6.7 に,クエンチ近似でクォーク質量を変えた場合に $^1S_0$ 状態のポテンシャ

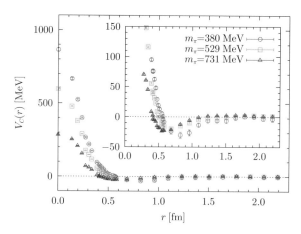

図 6.7 $^1S_0$ 状態のポテンシャルの π 中間子の質量依存性．S. Aoki, T. Hatsuda and N. Ishii, Prog. Theor. Phys. **123** (2010) 89 より引用．

ルが変化する様子を載せた．π 中間子が軽くなるに従って，引力のポケットがより深くなり，また，外側に押し出され，引力がより遠くまで届くようになる．同時に，近距離の斥力芯もより高くなり，また，斥力の始まりもより遠距離になる．このように，π 中間子の質量を軽くすると，引力，斥力ともに強くなるので，全体としてどちらが強くなるかはわかりにくいが，低エネルギーでは，遠距離部分がより効くので，引力が強くなると期待される．しかしながら，クォーク質量を小さくして π 中間子を軽くすると，核子の質量も軽くなりその運動エネルギー E_p も大きくなるため，本当に引力が強くなるかどうかは具体的に調べてみないとわからない．ポテンシャルから位相差 $\delta_{NN}(p)$ を計算し，その低エネルギーの極限として，散乱長

$$p \cot \delta_{NN}(p) = \frac{1}{a_0} + O(p^2) \tag{6.45}$$

を計算することができる．散乱長は，散乱の強度を表す指標であり，散乱の強度を面積で表すとすると a_0^2 に比例する．また，$a_0 > 0$ だと低エネルギーで相互作用が引力，$a_0 < 0$ だと斥力であることもわかる．

図 6.8 に散乱長の π 中間子質量の依存性を載せる．まず，$a_0 > 0$ なので相互作用が低エネルギーで引力的であることがわかる．また，大きい誤差ではあるが，$^3S_1$ の方が $^1S_0$ より引力は若干強くなることと同時に，π 中間子を軽くすると，引力が少しずつ強くなっていく傾向も見て取れる．

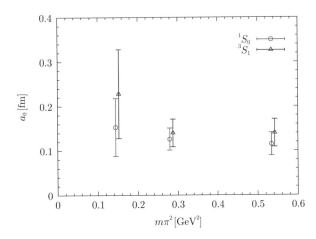

図 **6.8** 核子・核子の散乱長の π 中間子の質量依存性. S. Aoki, T. Hatsuda and N. Ishii, Prog. Theor. Phys. **123** (2010) 89 より引用.

6.4.6　核力ポテンシャルの構造：テンソルポテンシャル

前項では，$^1S_0$ と $^3S_1$ の状態に対する中心力ポテンシャル $V_c(r)$ の図を載せた．これらのポテンシャルは，微分展開の最低次の項である V_0 と V_σ の 2 つの組み合わせで書き表せている．最低次にはもう 1 つテンソルポテンシャルがあるが，テンソル演算子 S_{12} は角運動量を 2 だけ変えることができる．したがって，$L=0$ である S 波と $L=2$ である D 波を混ぜることが可能である．詳しく見ると $^1S_0$ の状態に S_{12} を作用させるとゼロになってしまうが，$^3S_1$ に作用させると $^3D_1$ の状態に移る．したがって，$^3S_1$ と $^3D_1$ の NBS 波動関数を使えば，$V_c(r)$ と $V_T(r)$ の 2 つを求めることができる．

図 6.9 に，$^3S_1$ と $^3D_1$ の NBS 波動関数の計算例を載せる．$^3S_1$ の波動関数は前の場合と同じであるが，$^3D_1$ の NBS 波動関数はそれとはかなり違っている．$^3D_1$ は角度依存性があるため，同じ r に対して異なった値をとる．そのため，左側の図のように複雑な構造（我々はこれを「髭」と呼んでいる）が見えている．$^3D_1$ の角度依存性はわかっているので，その依存性を取り除くと，右の図のように髭の無い簡単な構造になっている．格子 QCD の計算は有限体積で行われているので，その影響で厳密には D 波だけを取り出すことはできないが，右の図から，ここで得られた NBS 波動関数がほぼ D 波となっていることが確

6.4 格子QCDによるハドロン相互作用の研究法II：ポテンシャル法

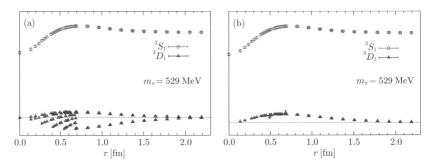

図 6.9 $^3S_1$ 状態の NBS 波動関数（丸）と $^3D_1$ 状態の NBS 波動関数（三角）．右の図は $^3D_1$ 状態の NBS 波動関数からその角度依存性を取り除いたもの．S. Aoki, T. Hatsuda and N. Ishii, Prog. Theor. Phys. **123** (2010) 89 より引用．

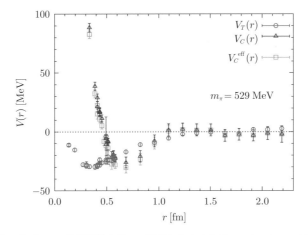

図 6.10 $^3S_1$ と $^3D_1$ の波動関数を用いて計算した中心力ポテンシャル $V_C(r)$（三角）とテンソルポテンシャル $V_T(r)$（丸）．四角は，$^3S_1$ の波動関数だけで計算した有効中心力ポテンシャル $V_C^{\mathrm{eff}}(r)$ である．S. Aoki, T. Hatsuda and N. Ishii, Prog. Theor. Phys. **123** (2010) 89 より引用．

認できる．

図 6.10 は，2つの波動関数を用いて計算した中心力ポテンシャル $V_C(r)$（三角）とテンソルポテンシャル $V_T(r)$（丸）である．テンソルポテンシャルの場合，中心力ポテンシャルに同様に遠距離での引力が存在するが，斥力（引力ポケット）が現れるのがより近距離で，また，中心力ポテンシャルのような斥力芯が存在しない．四角は，$^3S_1$ の波動関数だけで計算した中心力ポテンシャル $V_C^{\mathrm{eff}}(r)$

で，テンソル力の影響が陰に含まれているので有効中心力ポテンシャルと呼ばれている．$V_C(r)$ と $V_C^{\text{eff}}(r)$ はほとんど同じであるが，陰に含まれているテンソル力の影響で V_C^{eff} の方が若干引力が強いように見える．テンソルポテンシャルにより，引力がより強くなることが，$^3S_1$ の状態では，重陽子が束縛状態し，$^1S_0$ には束縛状態が現れないことの理由と考えられている．

湯川が提唱した π 中間子交換の寄与はテンソルポテンシャルの引力にもっとも顕著に現れる．したがって，π 中間子の質量を軽くすれば，その引力はどんどん強くなるはずである．図 6.11 に $V_T(r)$ の π 中間子質量の依存性を載せた．予想通り，π 中間子の質量を軽くすると，引力が強くなっていく様子が見て取れる．

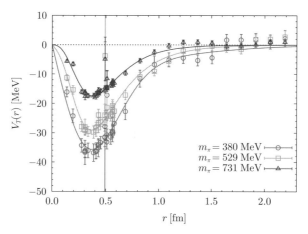

図 6.11 テンソルポテンシャル $V_T(r)$ の π 中間子質量依存性. S. Aoki, T. Hatsuda and N. Ishii, Prog. Theor. Phys. **123** (2010) 89 より引用.

6.4.7 ポテンシャルから位相差へ

いったんポテンシャルが得られれば，それを使って散乱位相差 $\delta_{NN}(p)$ を計算することができる．これが HAL QCD の方法の特徴の 1 つである．図 6.12 の左の図は，2+1 フレーバーの格子 QCD で計算された $^1S_0$ 状態に対応する中心力ポテンシャルである．この計算での π 中間子の質量は約 700 MeV である．実線は，格子 QCD で得られたポテンシャルをある関数形でフィットした

6.4 格子QCDによるハドロン相互作用の研究法II：ポテンシャル法　113

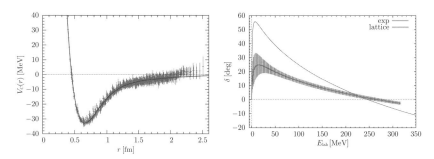

図 6.12　右：2+1 フレーバーの格子 QCD で計算された $^1S_0$ ポテンシャル．実線はそのフィット．左：フィットしたポテンシャルを用いて計算された散乱位相差．横軸は重心系での散乱のエネルギー．実線は実験値．N. Ishii *et al.* [HAL QCD Collaboration], Phys. Lett. B **712** (2012) 437 より引用（口絵 2 参照）．

ものである．右の図はそのポテンシャルを使って計算された散乱位相差 δ_{NN} である．縦軸が角度，横軸が 2 核子の重心運動エネルギーである．実線は実験で測られた散乱位相差であり，格子 QCD の結果は，実験の散乱位相差の定性的な振る舞いを良く再現している．ただし，π 中間子の質量が 140 MeV である実験値に比べて 700 MeV である格子 QCD の結果は低エネルギーでの位相差の立ち上がりが弱い．低エネルギーでの立ち上がりは，ポテンシャルの遠距離での引力を表しているので，π 中間子の質量が軽くなれば引力が強くなり立ち上がりがより急になると期待される．

ただし，ポテンシャルは微分展開で求めているので，その近似が良いのは低エネルギーの領域であることに注意してほしい．したがって，E_{lab} が 200 MeV あたりより大きいところでは，展開の高次項を無視したことによる系統誤差が存在する．HAL QCD の方法では，その系統誤差の大きさを見積もることも可能である．

現在（2016 年）では，神戸の計算科学研究機構にあるスパコン「京」(http://www.aics.riken.jp/jp/k/) を用いて，π 中間子の質量が物理的な値 140 MeV にほぼ等しい場合の格子 QCD での核力ポテンシャルの計算が進行中である．そこで得られたポテンシャルで計算された位相差が，実験結果を再現するかどうかに興味が持たれる．

6.4.8 斥力芯の起源

格子 QCD の計算で求めたポテンシャルには斥力芯が存在していたが，それだけでは斥力芯の起源はわからない．ここでは斥力芯の起源に関しての考察を行う．

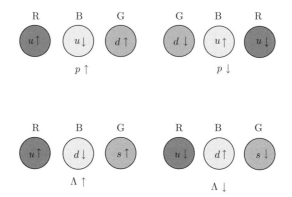

図 6.13 （上）スピンが逆の 2 つの陽子が同じ場所を占める場合に許されるクォークのカラー，スピン，フレーバーの組み合わせの例．（下）ストレンジ・クォークを加えた場合の例．スピンが逆の 2 つの Λ 粒子が同じ場所を占める場合に許されるクォークのスピン，フレーバーの組み合わせの例．カラーには制限が無い（口絵 3 参照）．

クォークはフェルミ粒子なので，同じ場所を 2 つの同じクォークが占めることはできない．これがパウリの排他原理である．しかしながら，クォークは赤・青・緑の 3 つのカラー，上向き・下向きの 2 つのスピン，アップ・ダウンの 2 つのフレーバーを持つ．したがって 6 つのクォーク（2 つの核子）が同じ場所を占めることは可能である．例えば，図 6.13 上は，上向きスピンの陽子と下向きスピンの陽子が同じ場所を占めている場合のクォークの配置の一例である．この例では，アップクォーク 4 つのうち上向きスピンが 2 つ，下向きスピンが 2 つあるが，同じスピンを持つアップクォークは同じカラーを持てない．このように許されるカラーの組み合わせが制限されていることと，グルーオン交換によるクォーク同士の相互作用の影響が斥力芯を作り出しているのではないか，と思われている．

この考えが正しいかを確かめてみよう．そのために，アップやダウンだけで

6.4 格子QCDによるハドロン相互作用の研究法 II：ポテンシャル法

なくストレンジクォークも加えて考えてみよう．それぞれを 1 つずつ含む Λ バリオン (uds) 間の相互作用を考えよう．$\Lambda_\uparrow$ と $\Lambda_\downarrow$ の場合を考えると，図 6.13 下のようなクォーク組み合わせがその一例である．この場合は，u, d, s はそれぞれ 2 つずつあるが，そのスピンは異なるので，どのようなカラーの組み合わせでも許される．したがって，この場合は斥力芯が消えるのではないかと予想される．つまり，もし，$\Lambda\Lambda$ 間のポテンシャルに斥力芯が無ければ，斥力芯の起源としてクォーク間のパウリの排他原理が重要な役割を果たしていると結論される．

そこで，3 フレーバーの格子 QCD を使った Λ 間ポテンシャルの結果を紹介しよう．3 フレーバーというのは，アップ，ダウン，ストレンジのクォーク質量がすべて等しいとしてゲージ配位を生成した計算である．つまり，仮想的に，$m_u = m_d = m_s$ としたのである．このようなことができるのも計算機を使った数値シミュレーションの特徴の 1 つである．$m_u = m_d = m_s$ とすると，QCD にはフレーバー SU(3) 対称性という新たな対称性が現れる．これは，$m_u = m_d$ の場合のアイソスピン SU(2) 対称性の拡張になっている．フレーバー SU(3) 対称性の下では，8 重項バリオンの質量はすべて等しい．つまり，$m_N = m_\Lambda = m_\Sigma = m_\Xi$ である．したがって，NN 間ポテンシャルと $\Lambda\Lambda$ 間ポテンシャルの違いを見るには，粒子の種類ではなく，2 つのバリオンがフレーバー SU(3) のどのような表現（フレーバー SU(3) 変換の下での変化の仕方）に属するかでポテンシャルが変わるかを見なくてはいけない．スピンが 0 の NN 状態は，フレーバー SU(3) の 27 重項表現に属するが，図 6.13 下のようなスピンが 0 の $\Lambda\Lambda$ 状態はフレーバー SU(3) の 1 重項表現に属する．

図 6.14 に，格子 QCD で計算されたフレーバー SU(3) の 1 重項表現に対応するポテンシャルを載せる．この結果には，複数の空間体積での結果を載せているが，空間一辺の長さが 3 fm 以上であれば，体積依存性はほとんど無い．図からわかるように，1 重項表現のポテンシャルはすべての距離で引力であり，核力ポテンシャルに現れた斥力芯が存在しないことがわかる．この結果は，クォーク間におけるパウリの排他原理が斥力芯の起源に重要であるということを示唆している．

1 重項表現のポテンシャルはすべての距離で引力であるため，束縛状態が存在する可能性が高い．そこで，次に 1 重項表現に属する束縛状態について考察する．

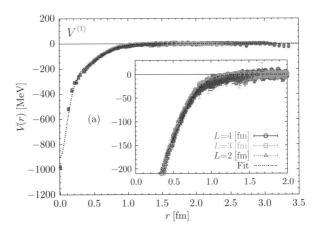

図 6.14 フレーバー SU(3) の 1 重項に対応するバリオン間ポテンシャル．擬スカラー（パイ）中間子の質量は 1014 MeV．空間の 1 辺の長さが 1.9 fm, 2.9 fm, 3.9 fm の 3 つの場合にポテンシャルを計算したが，その体積依存性は小さい．T. Inoue et al. [HAL QCD Collaboration], Phys. Rev. Lett. **106** (2011) 162002 より引用（口絵 4 参照）．

6.4.9 H ダイバリオン

アップクォーク，ダウンクォーク，ストレンジクォークをそれぞれ 2 つずつ含む 6 つのクォークの束縛状態 ($uuddss$) は，H ダイバリオンと呼ばれ，クォークモデルなどによる理論的な考察でその存在が予言されていたが，実験的には未発見の「奇妙な粒子」である．格子 QCD を用いた H ダイバリオンの研究でもその存否に関する結論は得られていない．

ここでは，フレーバー SU(3) 対称性を持つ格子 QCD で得られた 1 重項ポテンシャルを用いて，束縛状態の存在を議論する．解析の手順は以下の通りである．まず，得られた 1 重項ポテンシャルを適当な関数形でフィットする．図 6.14 の点線は，$L \simeq 4$ fm のポテンシャルをフィットした結果である．次に，そのフィットしたポテンシャルを用いて，（無限体積での）シュレディンガー方程式を解き，束縛状態が存在するかどうかを調べる．もし，束縛状態が存在したら，その束縛エネルギーや波動関数を計算する．このような手続きで計算を行った結果，フレーバー 1 重項状態に 1 つの束縛状態，つまり，H ダイバリオンが存在することがわかった．

図 6.15 に，得られた束縛エネルギーのパイ中間子の質量（フレーバー SU(3)

6.4 格子QCDによるハドロン相互作用の研究法II：ポテンシャル法

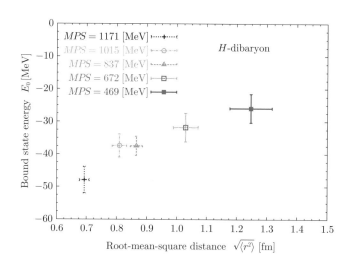

図 6.15 フレーバーSU(3)の1重項に対応するバリオン間ポテンシャルから得られた束縛状態のエネルギーのパイ中間子質量依存性. T. Inoue *et al.* [HAL QCD Collaboration], Nucl. Phys. A **881** (2012) 28 より引用（口絵5参照）.

対称性があるのでK中間子の質量も同じ）に対する依存性を載せる．この図の縦軸は束縛エネルギーの大きさ．横軸は波動関数の広がりを示す目安である2バリオン間の距離の2乗の平均値のルートである．距離の2乗の平均は得られた波動関数 $\Psi(r)$ を用いて，

$$\langle r^2 \rangle = \int d^3 r \Psi^\dagger(r) \, r^2 \, \Psi(r) \tag{6.46}$$

と計算される．図からわかるように，このパイ中間子の質量領域でのHダイバリオンの束縛エネルギーは25-50 MeVであり，その質量依存性はそれほど急激ではない．パイ中間子が軽くなると，束縛エネルギーが小さくなると同時に，その波動関数の広がりも大きくなっている．これは，π中間子の質量が軽くなると，8重項バリオンの質量も軽くなるため，その運動エネルギーも増大し，バリオン間の距離がより広がり，図6.14のようなポテンシャルのより浅い部分に移動し，束縛エネルギーが減少するからだと思われる．

自然界では，ストレンジークォークはアップやダウンよりもかなり重いので，フレーバーSU(3)対称性は成り立っていない．そのような状況でHダイバリオンがどうなるかは現在精力的に調べられている．自然界でのHダイバリオンが

どのような状態として現れるかにかかわらず，その本質は「フレーバー SU(3) 対称性がある QCD のフレーバー 1 重項状態に現れる束縛状態」ということである．

QCD の立場では，重陽子も H ダイバリオンも 2 つのバリオンの束縛状態であるという点で，「ダイバリオン (di-baryon)」であるが，それを作り出すポテンシャルや波動関数の形はかなり異なる．図 6.16 に，重陽子の場合のポテンシャルと波動関数（上）と H ダイバリオンの場合のポテンシャルと波動関数（下）の模式図を載せた．この模式図のように，重陽子は 3 つのクォークの塊である核子がさらに 2 体系としての束縛状態を作っているのに対して，H ダイバリオンは 6 つのクォークが一塊になったような束縛状態であると考えられる．

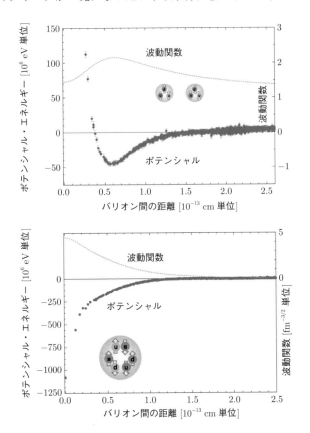

図 6.16 重陽子（上）と H ダイバリオン（下）のポテンシャルと波動関数の模式図（口絵 6 参照）．

第 7 章 今後の課題

7.1 ポテンシャル法の拡張

　格子 QCD を用いたハドロンの研究は，その質量の計算がようやく終りつつあるが，ハドロン間相互作用の研究はまだその端緒についたばかりである．ポテンシャルを使ったハドロン間相互作用の研究は，現在も様々なものが進行中である．特に，ポテンシャルの方法がどこまで拡張できるかに興味が持たれる．核力ポテンシャルを定義する際に，弾性散乱しか起こらないエネルギー領域のみを考えると述べたが，いろいろな系にポテンシャルの方法を適用するには，この制限を外したい．例えば，H ダイバリオンの研究のところでは，SU(3) 極限を考えていたので，すべての 8 重項のバリオンの質量は等しく，非弾性散乱のしきい値はあまり問題にならなかった．（図 7.1 の左側の図.）しかしながら，現実世界では，$m_N = 939$ MeV, $m_\Lambda = 1116$ MeV, $m_\Sigma = 1193$ MeV, $m_\Xi = 1318$ MeV なので，そのしきい値は

$$M_{\Lambda\Lambda} = 2232 \text{ MeV} < M_{N\Xi} = 2257 \text{ MeV} < M_{\Sigma\Sigma} = 2386 \text{ MeV} \tag{7.1}$$

とかなり接近している（図 7.1 の右側の図）．特に，$M_{\Lambda\Lambda}$ と $M_{N\Xi}$ の差は 25 MeV しかない．このような状況では，$\Lambda\Lambda \to \Lambda\Lambda$ という弾性散乱だけではなく，$\Lambda\Lambda \to N\Xi$ や $\Lambda\Lambda \to \Sigma\Sigma$ など粒子の種類が変わる非弾性散乱も容易に起こってしまう．

　HAL QCD のポテンシャルの方法は，このような場合にも適用できるように拡張されている．そこでは，単なるポテンシャルではなく，結合チャネルのポテンシャル行列

$$U_{X,Y}(r,r'), \qquad X, Y = \Lambda\Lambda, N\Xi, \Sigma\Sigma \tag{7.2}$$

を用いて，このような非弾性散乱を記述している．フレーバー SU(3) 極限では，

1重項ポテンシャルに束縛状態であるHダイバリオンが存在したが（図7.1の左），現実世界では，$M_{\Lambda\Lambda}$より下の束縛状態，あるいは，それより上（$M_{N\Xi}$よりは下）の$\Lambda\Lambda$共鳴状態（$N\Xi$から見ると束縛状態），などいろいろな可能性がある（図7.1の右）．現在，結合チャネルのポテンシャル行列を使った計算が進行中で，Hダイバリオンが自然界でどのように現れるかに決着がくる日も近い．

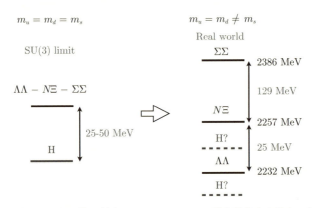

図 7.1 $\Lambda\Lambda$散乱のしきい値．（左）フレーバーSU(3)対称性がある場合．（右）ストレンジ・クォークが重くなりSU(3)対称性が破れた現実世界．

7.2　有限温度，有限密度のQCD

通常の環境では，クォークとグルーオンはQCDの法則に従ってハドロン状態を作り単独で存在することは無い（クォークやグルーオンの閉じ込め）が，非常な高温や高密度になると，クォーク・グルーオン・プラズマといわれる状態に相転移を起こし，単独のクォークやグルーオンが粒子として存在するようになると考えられている．クォーク・グルーオン・プラズマ状態に関しては本シリーズの文献[5]を参照してほしいが，そのような高温，高密度QCDの相転移現象も格子QCDの研究対象である．

本書では触れなかったが有限温度相転移の関しては，格子QCDの数値シミュレーションによる様々な結果がある．有限温度相転移には，閉じ込め–非閉じ込めの相転移とカイラル相転移の2つがある．低温では，クォークが閉じ込めら

れるが，高温では，クォークの閉じ込めが無くなる．これが閉じ込め–非閉じ込めの相転移である．一方，低温ではカイラル対称性が自発的に破れるが，高温ではカイラル対称性が回復する．これがカイラル相転移である．

格子QCDシミュレーションによる有限温度QCD研究の現状は以下である．

- 閉じ込め–非閉じ込めの相転移とカイラル相転移はほぼ同じような温度で起こっていることが示唆されている．ただし，本当に同じ温度で相転移が起こっているのか，そうだとしたらその理由は何かなど，まだ今後の研究が必要である点も多く残っている．
- 2フレーバーQCDでクォーク質量がゼロの場合のカイラル相転移は2次相転移であることを示唆する結果が多い．しかしながら，最近の研究によって，1次転移の可能性や2次転移だとしても今まで考えられていた転移とは異なる可能性などが指摘されており，更なる研究が必要である．
- 3フレーバーQCDでクォーク質量がゼロの場合のカイラル相転移は1次相転移であることはほぼ明らかになっている．1次転移の場合，クォーク質量をゼロから大きくしても1次転移であることはしばらく変わらないが，クォーク質量のある値で2次転移になり，それより大きなクォーク質量では，はっきりした相転移はなくなり，クロスオーバー転移になる．どのクォーク質量で，1次転移からクロスオーバー転移になるかはまだ確定しておらず，今後の研究が必要である．
- 2+1フレーバーQCDで，物理的なクォーク質量（u, dが軽くて，sが重い）での相転移はクロスオーバー転移であるということが確立しつつある．しかしながら，1つの格子フェルミオン作用からの結論なので，格子フェルミオンのカイラル対称性の問題を考えると，他の作用での確認が必要である．
- 2+1フレーバーQCDでのクロスオーバー相転移の転移温度T_cは多くの計算があり，連続極限で$T_c = 150 \sim 160$ MeVという結果が得られている．
- 圧力やエントロピーなどを低温から高温までの広い範囲の温度の関数として（これらの量を状態方程式と呼ぶ）計算されている．最近では，状態方程式の新しい計算方法が提唱されており，さらなる精密化が期待される．

以上のように有限温度の格子QCDの研究はかなり進んできている．上に挙げた結果以外にも，クォーク・グルーオン・プラズマの様々な性質が研究されて

いる．

　有限温度に比べて，有限密度 QCD の研究は進んでいない．その理由は，ゲージ配位 U の出現確率

$$P(U) = \frac{1}{Z} \det D(U) e^{-S_G(U)} \qquad (7.3)$$

が，有限密度では $\det D(U)$ が複素数になるため，確率としての解釈できなくなるからである．したがって，モンテカルロ法などの格子 QCD シミュレーションで有効だった方法が使えない．そのために，有限密度の格子 QCD の研究は，密度が小さい場合にテイラー展開を使う方法などに限定されている．最近になって，複素ランジュバン法などのモンテカルロ法に頼らない新しい計算法が提案され，一定の成果をあげている．高密度 QCD 研究の今後の発展を期待したい．

　本書では，説明を容易にするために，いろいろなところで，実際とは違う簡単な場合を使って説明をしてきた．専門家などきちっとした知識のある方から見ると不十分・不満であるかも知れないが，ご容赦願いたい．また，格子 QCD に関する説明もかなり飛ばしているので，興味のある方は拙著 [4] をご覧頂きたい．

参考文献

[1] 橋本 省二著「質量はどのように生まれるのか 素粒子物理最大のミステリーに迫る」(ブルーバックス)
[2] 青木 慎也「格子上のカイラル対称性」, パリティ 17, No.60 (2002 年 6 月)
[3] 青木 慎也「格子上のカイラルフェルミオン」, 現代物理学最前線 7, (2002 年 12 月) 1–61 (共立出版)
[4] 青木 慎也「格子上の場の理論」シュプリンガー現代理論物理学シリーズ 3 (2005 年 10 月)(丸善出版(株))
[5] 秋葉 康之「クォーク・グルーオン・プラズマの物理 実験室で再現する宇宙の始まり」基本法則から読み解く物理学最前線 3 (共立出版)

索　引

■ 英数字 ▶

Δ 粒子 10, 13, 14
γ_5 の反可換性 73
Λ バリオン 115
π 中間子 34
ρ 中間子 97
1 + 1 + 1 + 1 フレーバーの格子
　QCD+QED 計算 83
1 重項表現 115
1 点関数 75
2 + 1 フレーバー QCD 78
27 重項表現 115
2 点関数 78
2 バリオン間の距離 117
2 フレーバー格子 QCD 69
3 クォーク状態 13
3 点自己相互作用 53
3 フレーバーの格子 QCD 115
4 点自己相互作用 53
8 重項バリオン 115
A_μ のゲージ変換 52
D 軌道 15
D 波 110
HAL QCD の方法 103
HAL QCD 法 99
H ダイバリオン 116
K 中間子 23
Lüscher の有限体積の方法 95
NBS 波動関数 101, 103
n 点関数 44
P 軌道 15
QCD 33
QCD 固有状態 101
QCD による漸近的自由性 37
QCD の位相差 104
QED 30, 48
QED の作用 50
$S = 1$ の状態 11
SU(3)（特殊ユニタリ）行列 51
SU(3) 極限 119
S 軌道 15
S 行列 102
S 波 107
S 波の波動関数 102
W 粒子 7
Z 粒子 7

■ あ ▶

アイソスピン SU(2) 対称性 115
アイソスピン対称性 82
アイソスピンの 2 重項 82
アイソスピンの 3 重項 82
アインシュタインの記号法 49
アップ 6, 24
アップ型 6
アップクォーク 9
アップクォークとダウンクォークの
　質量差 82
異常磁気能率 30
位相差 93–95, 97, 109
位相差 (phase shift) 89
引力 34, 86
引力ポケット 87, 108
ウィルソン・ループ 67
運動エネルギー 42
運動量保存 28

エネルギーに依存した結合定数 40
エネルギー保存 28

オイラー・ラグランジュ方程式 43
オーバーラップ・クォーク 75
重いクォーク 67
重いクォーク・反クォークの生成消
　滅過程 67

■か▶

カイラル外挿 75, 79
カイラル極限 75
カイラル射影演算子 72
カイラル摂動論 75
カイラル相転移 120
カイラル対称性 71, 73
カイラル対称性の自発的破れ・71, 73,
　75, 76
カイラル秩序変数 75
カイラル変換 72
可換ゲージ理論 48
角運動量 16
核子・核子散乱の位相差 99
核力 5, 85, 86
核力計算の困難 88
核力ポテンシャル 87, 107
核力ポテンシャルの計算例 107
仮想光子 28
仮想的な電子 30
カラー 16
カラー自由度 17
カラー電荷 32, 33
換算質量 90, 103
慣性質量 4
ガンマ行列 58

疑似乱数 62
擬スカラー中間子1重項 18
擬スカラー中間子の1重項 23
擬スカラー中間子の8重項 23
期待値 59
基底状態（真空） 46
軌道角運動量 107

基本粒子の質量 46, 47
逆散乱法 99
逆散乱問題 94
境界条件 93
共変微分 50, 51, 56
共鳴状態 78, 97
局所 U(1) ゲージ変換行列 50
局所ゲージ変換 48
局所なポテンシャル 104

空間反転 18
クーロン項 70
クーロンポテンシャル 86
クーロン力 34
クエンチ近似 66, 107, 108
クォーク 6, 17, 32, 48
クォーク・反クォーク間の静的ポテ
　ンシャル 67
クォーク・グルーオン・プラズマ 120
クォーク質量 58
クォーク質量依存性 79
クォークとグルーオンの相互作用・53
クォークの作用 56
クォークの閉じ込め 35, 36, 53, 67, 68
クォーク場 59
クォーク場の作用 51
クォーク模型 77
クォークモデル 116
クォークやグルーオンの閉じ込め 120
繰り込み 47
繰り込み理論 45
グルーオン 7, 32, 48
グルーオン場の作用 57
クロスオーバー転移 121
クロネッカーのデルタ記号 12

京 60, 113
経路積分 42
経路積分による量子化 43
ゲージ結合定数 58
ゲージ不変 49, 54
ゲージ不変性 53
ゲージ変換 48, 51, 54
ゲージ変換性 55

索引

ゲージ理論 48, 49
ゲージ理論の作用 49
結合チャネルのポテンシャル行列119
結合定数 35, 37, 49, 52, 53, 80
ケット記号 11
原子番号 5
現象論的核力ポテンシャル 85
弦の張力 70

交換関係 90
交換子 51
格子 44
光子 7
格子 QCD 42, 53
格子 (Lattice)QCD の作用 58
格子間隔 79, 80
格子作用の改良 58
格子作用の普遍性 58
格子上のディラック演算子 58
格子上の場の理論 42, 44
格子ディラック演算子 59
構成要素としてのクォーク 77
コールマン (Coleman)-グラショウ
　(Glashow) 関係式 84
古典力学の作用 42
コンプトン散乱 28, 30
コンプトン波長 80

さ

最大周期 64
散乱位相差 101, 112, 113
散乱状態 89
散乱長 109
散乱波の漸近形 102

紫外発散 45
しきい値 100, 119
磁気能率 30
シグマ粒子 20
自己相互作用 38
実存の光子 28
質量数 5
磁場 48

自発磁化 73
シミュレーションアルゴリズム ... 66
周期的境界条件 94
重心系 27
重心座標 90
重心質量 90
重心の運動量 90
自由度 42
周辺則 68
重要サンプリング 60, 61
重陽子 88, 108
重力（万有引力） 4
重力子 7
重力相互作用 6
出現確率 61
シュレディンガー方程式 42, 91,
　102–104
状態方程式 121
真空の誘電率 86
深部非弾性散乱 35

ストレンジ 6, 24
ストレンジクォーク 19, 20
スピン 3, 10, 16
スピン依存力ポテンシャル 105
スピンがアップの状態 10
スピンがダウンの状態 10
スピン軌道相互作用ポテンシャル106
スピンの大きさ 3, 10

静的ポテンシャル 69
斥力 34, 86
斥力芯 87, 108, 111
斥力芯の起源 114
世代 6
摂動展開 37
全角運動量 107
漸近的自由性 35–37, 39, 53
線形合同乗算法 62

相関長 47
相対運動量 90
相対座標 34, 90
相対論的な関係式 27

相転移 ……………………………… 47
束縛エネルギー …………………… 89
束縛状態 …………………………… 89
素粒子の標準理論 ………………… 6
素粒子標準模型 …………………… 7

▌た ▶

対称性の自発的破れ ……………… 73
ダイバリオン ……………………… 118
タウニュートリノ ………………… 6
タウ粒子 …………………………… 6
ダウン …………………………… 6, 24
ダウン型 …………………………… 6
ダウンクォーク …………………… 9
単位電荷 …………………………… 3
弾性散乱 ………………………… 100, 104

力を媒介する粒子 ………………… 7
チャーム …………………………… 6
中間子 ……………………………… 5
中間子理論 ………………………… 85
中心力ポテンシャル …………… 105, 112
中性子 …………………………… 5, 9, 14
中性子と陽子の質量差 …………… 83
直接計算法 ………………………… 89

対生成 ……………………………… 31
強い相互作用 ……………………… 6
強い力（強い相互作用） ………… 4

ディラック方程式 ………………… 49
電子 ……………………………… 5, 6
電子型 ……………………………… 6
電子・光子散乱（コンプトン散乱） 29
電磁相互作用 …………………… 3, 6
電磁的相互作用 …………………… 27
電子・電子散乱 …………………… 28
電子ニュートリノ ………………… 6
電子の磁気能率 …………………… 30
電子・陽電子散乱 ………………… 32
電子・陽電子の対消滅 …………… 31
テンソル演算子 …………………… 106
テンソルポテンシャル ………… 106, 110

電場 ………………………………… 48
伝搬関数 …………………………… 46
閉じ込め–非閉じ込めの相転移 … 120
閉じたループのゲージ変換 ……… 57
トップ ……………………………… 6
トレース …………………………… 52

▌な ▶

南部・ゴールドストーンの定理 … 74
南部・ゴールドストーン粒子 …… 74
南部・ベーテ・サルペータ (NBS) 波動関数 ………………………… 100
南部陽一郎博士 …………………… 73

ニュートリノ ……………………… 6

▌は ▶

パートン …………………………… 35
パイ中間子 ……………………… 17, 41
パイ中間子3重項 ………………… 18
ハイペロン ………………………… 98
パウリの排他原理 …………… 14, 15, 114
波動関数 …………………………… 91
ハドロン …………………………… 5, 9
ハドロン質量 …………………… 77, 79
ハドロン質量計算の手順 ………… 78
ハドロンの基底状態 ……………… 78
場の強さ ………………………… 48, 51
場の量子論 ………………………… 30
場の理論 …………………………… 42
ハミルトニアン …………………… 90
バリオン ………………… 9, 12, 33, 35, 37
バリオン10重項 ………………… 23
バリオン8重項 …………………… 21
バリオンのスピン ………………… 13
汎関数 ……………………………… 43
反対称 ……………………………… 15

非可換ゲージ理論 ……………… 48, 51
非可算 ……………………………… 42
非局所 ……………………………… 101
非局所なポテンシャル …………… 104

索引

非局所ポテンシャル ················ 105
微細構造定数 ························ 83
非摂動効果 ···························· 60
非摂動的効果 ························ 41
非摂動的な場の量子論 ············ 42
左巻き ·································· 72
左巻き成分 ··························· 73
非弾性散乱 ············· 98, 100, 119
ヒッグス粒子 ·························· 7
非閉じ込め ··························· 68
微分展開 ···························· 105

ファインマン図 ················ 27, 29
ファインマンの経路積分 ········· 43
フェルミオン ··················· 14, 49
フェルミ粒子 ·························· 7
フェルミ粒子（フェルミオン）··· 3
不確定性原理 ························ 10
物質を構成する粒子 ················ 6
物理量 $\mathcal{O}'$ の期待値 ··············· 61
ブラ記号 ······························ 12
ブラケット ··························· 12
プラケット作用 ····················· 57
プランク定数 ························ 43
フレーバー SU(3) 対称性 ······ 115
分数電荷 ······························ 35

平面波 ···························· 92, 93
ベータ関数 ··························· 37
ベータ関数が負 ····················· 39
ベータ崩壊 ···························· 5
ベクター中間子 ····················· 23
ベクターボソン ······················· 7
ベクトル中間子 ····················· 19
ベクトルポテンシャル ············ 48

崩壊幅 Γ_ρ ··························· 97
ボーズ粒子（ボソン）·············· 3
ポテンシャル ························ 98
ポテンシャルエネルギー ········ 42
ポテンシャルによる粒子の散乱 ···· 92
ポテンシャル法 ····················· 98
ボトム ·································· 6

ま

右巻き ·································· 72
右巻き成分 ··························· 73
ミューニュートリノ ················ 6
ミュー粒子 ···························· 6
ミンコフスキー時空 ·············· 44

無限個 ································· 42
無限体積極限 ························ 74
無色 ···································· 18

メソン ······················ 9, 17, 33, 35
面積則 ································· 68

モンテカルロ法 ················ 64, 65

や

ユークリッド時空 ················· 44
有限体積効果 ························ 81
有限体積法 ············· 94, 95, 100
有限密度 QCD ···················· 122
有効クォーク質量 ················· 77
有効中心力ポテンシャル ······ 112
有効範囲公式 ························ 97
湯川型の引力 ······················ 108
湯川秀樹 ································ 5
湯川ポテンシャル ········ 86, 107
ユニタリ行列 ·············· 52, 102

陽子 ······················ 5, 9, 14, 34
陽電子 ································· 49
弱い相互作用 ························· 6
弱い力（弱い相互作用）········· 5

ら

ラプラシアン ······················ 103
ラムダパラメタ ····················· 40
ラムダ粒子 ··························· 20
乱数 ···································· 61
ランダウ極 ··························· 40

粒子の質量 ··························· 47

量子色力学 ································ 33, 48
量子化 ······································ 42, 90
量子電磁力学 ································ 29
量子力学 ·· 42
量子力学の確率振幅 ······················ 42
臨界現象 ·· 47
リンク変数 ································ 57, 59

レプトン ·· 6
連続極限 ·········· 44, 46, 47, 70, 80, 81
連続時空上の場の量子論 ··············· 42

ローレンツ変換 ···························· 105

MEMO

MEMO

著者紹介

青木慎也（あおき　しんや）

1987 年 3 月　東京大学理学系大学院（物理学専攻）博士課程修了
1987 年 4 月　東京大学 日本学術振興会特別研究員
1987 年 10 月　米国ブルックヘブン国立研究所博士研究員
1989 年 9 月　米国ニューヨーク州立大学ストーニィブルック校 博士研究員
1991 年 8 月　筑波大学物理学系 助手
1993 年 7 月　同講師
1994 年 1 月　同助教授
1997 年 10 月–1998 年 7 月　独マックスプランク研究所 文部省在外研究員
2001 年 4 月　筑波大学物理学系 教授
2004 年 4 月–2009 年 3 月　理研ブルックヘブン研究センター　フェロー兼務
（2009 年 2 月から，計算基礎科学連携拠点 拠点長兼務）
2013 年 4 月–現在　京都大学基礎物理学研究所 教授
専　　門　素粒子論，格子上の場の理論，格子 QCD による核力・バリオン間力
著　　書　「格子上のカイラルフェルミオン」（2002 年，共立出版），「格子上の場の理論」（2005 年，丸善出版）
趣　　味　読書，サッカー観戦，フットサル
受 賞 歴　2005 年 3 月　第 1 回日本学術振興会賞「格子ゲージ理論の手法による素粒子物理学の研究」
　　　　　2008 年 2 月　第 25 回井上学術賞「格子 QCD の相構造の解明とクォークと核力の研究」
　　　　　2012 年 3 月　日本物理学会第 17 回論文賞（初田哲男，石井理修と共同）
　　　　　"Theoretical Foundation of the Nuclear Force in QCD and its applications to Central and Tensor Forces in Quenched Lattice QCD Simulations" Prog. Theor. Phys. 123 (2010) 89-128 (arXiv:0909.5585[hep-lat])
　　　　　2012 年 10 月　第 23 回つくば賞（初田哲男，石井理修と共同）「格子量子色力学による核力の研究」
　　　　　2012 年 12 月　仁科記念賞受賞（初田哲男，石井理修と共同）「格子量子色力学に基づく核力の導出」

基本法則から読み解く 物理学最前線 13

格子 QCD によるハドロン物理
クォークからの理解

Hadron Physics in Lattice QCD
—Understanding Hadrons from QCD—

2017 年 1 月 10 日　初版 1 刷発行

著　者　青木慎也　© 2017
監　修　須藤彰三
　　　　岡　真
発行者　南條光章
発行所　共立出版株式会社
　　　　東京都文京区小日向 4-6-19
　　　　電話　03-3947-2511（代表）
　　　　郵便番号　112-0006
　　　　振替口座　00110-2-57035
　　　　URL http://www.kyoritsu-pub.co.jp/

印　刷
製　本　藤原印刷

検印廃止
NDC 421.3
ISBN 978-4-320-03533-1

NSPA　一般社団法人
　　　自然科学書協会
　　　会員

Printed in Japan

JCOPY　＜出版者著作権管理機構委託出版物＞
本書の無断複製は著作権法上での例外を除き禁じられています．複製される場合は，そのつど事前に，出版者著作権管理機構（TEL：03-3513-6969，FAX：03-3513-6979，e-mail：info@jcopy.or.jp）の許諾を得てください．

毎日コツコツ演習！　1日1題30日でわかる!!

フロー式 物理演習シリーズ

須藤彰三・岡　真［監修］／全21巻刊行予定

1 ベクトル解析
　―電磁気学を題材にして―
　保坂　淳著・・・・・・・・・140頁・本体2,000円

2 複素関数とその応用
　―複素平面でみえる物理を理解するために―
　佐藤　透著・・・・・・・・・176頁・本体2,000円

3 線形代数
　―量子力学を中心にして―
　中田　仁著・・・・・・・・・174頁・本体2,000円

5 質点系の力学
　―ニュートンの法則から剛体の回転まで―
　岡　真著・・・・・・・・・160頁・本体2,000円

6 振動と波動
　―身近な普遍的現象を理解するために―
　田中秀数著・・・・・・・・・152頁・本体2,000円

7 高校で物理を履修しなかった人のための 熱力学
　上羽牧夫著・・・・・・・・・174頁・本体2,000円

8 熱力学
　―エントロピーを理解するために―
　佐々木一夫著・・・・・・・192頁・本体2,000円

10 量子統計力学
　―マクロな現象を量子力学から理解するために―
　石原純夫・泉田　渉著　192頁・本体2,000円

13 物質中の電場と磁場
　―物性をより深く理解するために―
　村上修一著・・・・・・・・・192頁・本体2,000円

16 弾性体力学
　―変形の物理を理解するために―
　中島淳一・三浦　哲著　168頁・本体2,000円

18 相対論入門
　―時空の対称性の視点から―
　中村　純著・・・・・・・・・182頁・本体2,000円

19 シュレディンガー方程式
　―基礎からの量子力学攻略―
　鈴木克彦著・・・・・・・・・176頁・本体2,000円

20 スピンと角運動量
　―量子の世界の回転運動を理解するために―
　岡本良治著・・・・・・・・・160頁・本体2,000円

21 計算物理学
　―コンピュータで解く凝縮系の物理―
　坂井　徹著・・・・・・・・・148頁・本体2,000円

＊＊＊＊＊＊＊＊＊＊＊＊＊＊＊＊＊＊＊

4 高校で物理を履修しなかった人のための 力学
　福島孝治著・・・・・・・・・・・・・・続　刊

9 統計力学
　川勝年洋著・・・・・・・・・・・・・・続　刊

11 高校で物理を履修しなかった人のための 電磁気学
　須藤彰三著・・・・・・・・・・・・・・続　刊

12 電磁気学
　武藤一雄・岡　真著・・・・・・・続　刊

14 光と波動
　須藤彰三著・・・・・・・・・・・・・・続　刊

15 流体力学
　境田太樹著・・・・・・・・・・・・・・続　刊

17 解析力学
　綿村　哲著・・・・・・・・・・・・・・続　刊

（続刊のテーマ・執筆者は変更される場合がございます）

＊＊＊＊＊＊＊＊＊＊＊＊＊＊＊＊＊＊＊

【各巻：A5判・並製本・税別本体価格】

http://www.kyoritsu-pub.co.jp/　　**共立出版**　（価格は変更される場合がございます）

https://www.facebook.com/kyoritsu.pub